青春文庫

ふしぎ歴史館

世界遺産 21の日本の迷宮 巻ノ三

歴史の謎研究会［編］

青春出版社

謎と神秘が凝縮された国、日本

現在、地球上には630の世界遺産があるが、そのうち10件の世界遺産が私たちが住む日本にある。

ユネスコは1993年12月に世界遺産保護条約委員会をコロンビアのカルタヘナで開催し、当時日本政府から推薦されていた法隆寺《ほうりゅうじ》、姫路城《ひめじじょう》を文化遺産として、青森、秋田県にまたがる白神《しらかみ》山地と屋久島《やくしま》を自然遺産として決定した。

いまから7年前のことである。

古いようで新しい日本の世界遺産だが、これにはわけがある。世界遺産条約が72年に採択された当初は、とくに欧米の《石》の文化に価値が見出されていた。反対に日本の建築物の多くが木造であったため、その価値が評価されていなかったのである。

しかも、木は腐りやすいために修復は新しい木を使わなければならない。建築当時の素材が残っていないというのも、登録が遅れた理由の1つであったようだ。

しかしその後、石であっても木であっても関係なく、世界的に価値があると思われるものについては人類共通の遺産として守っていくことが掲げられたのである。

そして93年以降、古都京都の文化財、岐阜県と富山県の白川郷《しらかわごう》・五箇山《ごかやま》の合掌造り《がっしょうづく》集落、原爆ドーム、広島県宮島町の厳島神社《いつくしまじんじゃ》、古都奈良の文化財が次々に登録され、10件目の世界遺産として昨年末に日光の社寺が登録されたのは記憶に新しいところだ。

その日光では、徳川3代将軍家光の350回忌と世界遺産登録を機に、家光の墓所である大猷院《たいゆういん》の「奥の院」を初公開している。予想以上の参列者が神妙な面持ちで手を合わせたのも、日本の歴史が刻んだこれらの文化財が世界的レベルで認められ保護されたからである。

本書では世界遺産に登録されているこれらすべてを取り上げ、歴史の裏に隠された21の迷宮をピックアップしその真実に迫ってみた。

その美しさだけでなく戦への武装も万全で、1度足を踏み入れたら最後、2度と抜け出せないからくりが隠されている姫路城。

阿修羅《あしゅら》像といえばたいてい3つの顔と3組の腕、そして恐ろしいイメージを持っているが、奈良の興福寺《こうふくじ》にある阿修羅像は、なぜか穏やかな表情をした美少年風であること。

世界的に有名な竜安寺《りょうあんじ》の石庭《せきてい》の石は、どの方向から見ても15個のうち必ず1個はほかの石に隠れて見えないようになっていること。

また、海中から生えたかのような厳島神社の鳥居はどうやって建っているのか。合掌造りの家屋で秘密裏に造られていたものとは何か。原爆ドームはなぜあのような姿になったのか。また、本来の姿とは。そして、法隆寺を建立した聖徳太子は、本当に実在したのか否か――。

さらに、自然遺産である屋久島の杉は、驚くことに樹齢1000年以下の杉には屋久杉という名称は与えられず、白神山地に住むマタギの生活もまた神秘に包まれているという。知れば知るほど謎は深まるばかりだ。

史料が乏しくようやく解明が始まったばかりの謎や、長年研究を重ねているにもかかわらずいまだに結論の出ない謎もある。

ほんの10件の世界遺産ではあるが、そこには日本と日本人とともに歩んだ計り知れない歴史の重みと、謎が凝縮されているのである。

2000年7月

歴史の謎研究会

日本の世界遺産

白神山地
（秋田県・青森県）
白川郷・五箇山の合掌造り集落
（岐阜県・富山県）
古都京都の文化財
（京都府・滋賀県）
原爆ドーム（広島県）
日光の社寺（栃木県）
法隆寺地域の仏教建造物（奈良県）
古都奈良の文化財（奈良県）
姫路城（兵庫県）
厳島神社（広島県）
屋久島（鹿児島県）

世界遺産　21の日本の迷宮

目次

第1章

法隆寺建立と聖徳太子一族の謎と暗号
法隆寺地域の仏教建造物

第2章

1200年のときを超えて甦る日光の実像
日光の社寺

第3章

大和朝廷と古代遺跡を結ぶ点と線

古都奈良の文化財

第8章

廃墟の中に残された「負の遺産」の運命　原爆ドーム

第9章

聖の森の神秘と「山の神」の正体　白神山地

●本書の読み方

各章の扉には、日本の世界遺産の物件名と遺産の種別、登録年度が記載してあります。

また、それらのすべての物件の中からとくに謎と神秘に包まれる21の登録物件をピックアップし、「21の迷宮」といたしました。

なお、「文化遺産」は普遍的な価値を持つ建造物、遺跡、記念工作物などが、「自然遺産」は普遍的な価値を持つ地形や生物、景観などを含む地域などが登録基準とされています。

◆ブックデザイン……坂川事務所
◆カバーデザイン……フラミンゴスタジオ
◆カバー写真提供……三好和義／PPS通信社
◆本文レイアウト……門倉泉
◆企画・製作……新井イッセー事務所

第1章

法隆寺建立と聖徳太子一族の謎と暗号

法隆寺地域の仏教建造物

文化遺産 1993年

日本人であれば誰もが知っている聖徳太子。知名度は非常に高いが、いま一つその実像はつかめていない。彼が建てた法隆寺もまた、1000年以上経たいまもなお厚いベールに覆われている。真実を探ろうとする人々のあいだではさまざまな説が飛び交い、論争は留まるところを知らない。果たして本当に、われわれの前に真の姿をさらけ出す日がやってくるのであろうか。

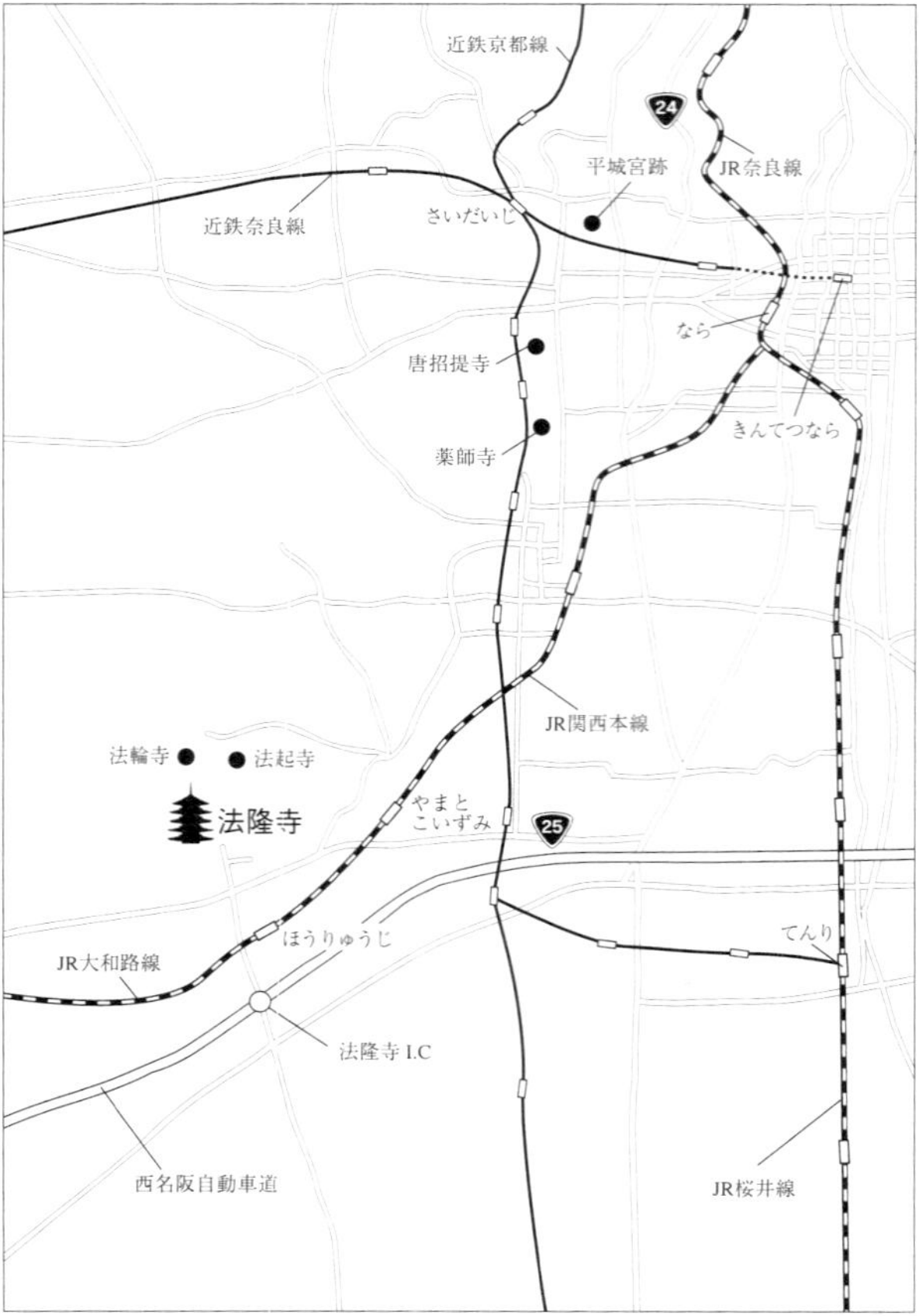

●JR大和路線〈法隆寺駅〉下車　徒歩20分

いまだ解けざる法隆寺の謎と暗号

奈良県斑鳩町《いかるがちょう》。

豊かな自然が息づくこの町に、1400年もの歳月を経たいまもなお、建立当時と変わらぬ姿で日本の歴史を見守り続ける寺がある。世界最古の木造建築であり、日本ではじめて世界遺産に登録された法隆寺《ほうりゅうじ》がそれだ。

法隆寺は聖徳太子《しょうとくたいし》の父、用明《ようめい》天皇が自らの病気の平癒を祈って586年に誓願したものである。しかし翌年、用明天皇はその願いを実現させることなく崩御してしまう。そこで推古《すいこ》天皇と聖徳太子が遺命を受け、寺とその本尊・薬師如来《やくしにょらい》像を完成させたのだった。607年、飛鳥《あすか》時代のことである。

その後、法隆寺は太子信仰の寺へと移行し、幾度かの増営が行われ現在の形に整えられた。境内の広さは18万7000平方メートル、大きく西院伽藍《さいいんがらん》と東院《とういん》伽藍とに分けられ、西院には南大門《なんだいもん》、金堂《こんどう》、高さ約31・5メートルの五重塔《ごじゅうのとう》のほか、聖霊院《しょうりょういん》や食堂《じきどう》などが建っている。

一方、東院は南門、聖徳太子を偲んで建てられた八角形の夢殿《ゆめどの》、東院鐘楼《しょうろう》、数々の仏像が安置されている伝法堂《でんぽうどう》などが配されている。

その中で法隆寺の玄関といわれ、訪れた人が必ず一番最初に出会うのが南大門である。この南大門をくぐりまっすぐ進むと、６２１年に聖徳太子の病気回復を祈願して作られた釈迦三尊《しゃかさんぞん》像、薬師如来像、母・穴穂部間人《あなほべのはしひと》皇后のために作られた阿弥陀如来《あみだにょらい》座像、そして日本最古の四天王《してんのう》像が安置された金堂が建っている。

また、鎌倉末期、聖徳太子の尊像を安置するために僧侶の住居を改造して造ったというのが聖霊院、寺僧たちが食事をする場が食堂である。

法隆寺にはこうした建築物をはじめ仏像、絵画、染織品、武器、武具、文書など１４００年の歴史を語る品々が多数発見、保存され、そのうち国宝および重要文化財は実に２３００点にもおよぶ。

ちなみに法隆寺は別名、斑鳩寺、法隆学問寺とも呼ばれている。

さて、先の法隆寺創建についての話は、薬師如来像の光背に彫られた銘文にはっきりと記されている。寺院が政府に差し出す財産目録である資財帳、『法隆寺伽藍縁《がらんえん》起并流記資財帳《ぎならびにるきしざいちょう》』（略して法隆寺資財帳）にもその旨が記載されている。そのため、教科書には推古天皇と聖徳太子によって、６０７年に法隆寺は建立されたと掲載され、誰もが疑うことなくれっきとした史実としてこれを受け止めてきた。

聖徳太子についても、日本の礎を築いた人物として法隆寺創建のほか輝かしい業績が紹介され、信仰者も多い。また昭和の時代には100円札や1万円札などの表を飾っており、いかに日本史上において重要な人物であったかが容易に察せられる。

しかし、研究が進めば進むほど法隆寺と聖徳太子、また彼らの周囲は深い謎に包まれる一方なのだ。たとえばなぜ法隆寺は倒壊しなかったのか、なぜ聖徳太子は賛美の言葉でしか語られないのか、一族滅亡はなぜ起こったのか、そして法隆寺に伝わる数々の伝説はどこまでが本当なのか。

飛鳥時代の姿を現存させる唯一の寺、法隆寺。そして、天皇になることなく皇太子のまま一生を過ごした聖徳太子にはいったいどんな謎が秘められているのだろうか。

地中深く閉ざされた3つの伏蔵

長い歴史を誇る法隆寺は古くから数々の伝説に彩られてきたが、いまでも次の七不思議が語り継がれている。

1. クモの巣がはらない
2. 片方の目しか見えないカエルがいる
3. 地面に雨だれの穴があかない
4. なぜ五重塔の相輪《そうりん》に4本の鎌《かま》がささっているのか
5. 夢殿の礼盤《らいばん》がいつもぬれている
6. 開かれたことのない伏蔵《ふくぞう》がある
7. 南大門の前に鯛石《たいいし》という石が置かれている

寺僧の話によれば、ほかの寺同様、法隆寺にも当然クモの巣ははるという。これは、もともと太子信仰者のあいだでいわれてきたことで、クモも聖徳太子ほどの高貴な人が建てた寺には巣もはれないという意味である。

片方の目しか見えないカエルについても太子信仰にまつわる話である。聖徳太子が学問をしているにもかかわらず、カエルはあまりにも騒がしく鳴いてしまった。そのためあとからこれを悔やみ、子孫に至るまで太子に詫びたのだという。

地面に雨だれの穴があかないことはない。

これも太子信仰者たちが、土台のしっかりとした地に法隆寺が建てられていることをアピールするために語ったものらしい。

ストゥーパともいわれる五重塔。最上部の相輪には、4本の鎌と各層の4面に護符《ごふ》が打ちつけられている。護符は鎌倉時代、塔の三重目に落雷したことから、法隆寺の寺僧たちが2度と落雷しないようにとつけた祈祷札である。そのおかげか、以来落雷したという記録はない。

また雷は魔物と捉えられており、鎌は魔物よけのために掲げられたというが、いつ誰が掲げたのかは明らかではない。法隆寺周辺には、この鎌の頭が上がっていればその年の米は豊作、下がっていれば凶作という言い伝えが残されている。

夢殿の礼盤というのは、救世観音《くせかんのん》像の前に置かれている僧侶が座る座のことである。これを毎年1回、日光にあてると汗のように水がふき出すという。この日光干しは「夢殿のお水取り」といって1月18日の恒例行事となっており、水の量によってその年の雨量を予測し、豊作、不作を占うのである。が、なぜこうも水が吹き出すのかはわかっていない。

寺には、礼盤の下に井戸があると伝承されているようだが、信仰上の理由から調査もできず、真相は闇に葬られたままである。

伏蔵とは地下に造られた秘密の蔵をいい、寺を建立する際には鎮壇具《ちんだんぐ》という特別の道具を地下に納めるのが常である。

たとえば東大寺の地下からは太刀や銀製の碗などが発見されており、法隆寺の伏蔵にもこうした鎮壇具が納められている可能性が大きい。しかし、「法隆寺に危機が訪れたとき以外は開いてはならない」と言い伝えられているため、これまで1度として蔵が開けられたことはない。何が納められているかはまったくわからないのだ。

一説によれば金銀銅の珍宝《ちんぽう》や太刀が納められているというが、これも信仰上の理由から調査は不可能となっている。また専門家によれば、通常、伏蔵は1つで十分のはずなのになぜ3つもあるのかが謎だというのだ。そのため、この伏蔵にこそ法隆寺建立の重要な意味が隠されていると推測する人もいる。

鯛石とは、南大門の前に置かれている魚の形をした踏み石のことだ。あるとき、大和地方一帯に水害が起こった。ところが、あふれかえる水は南大門の前でぴたりと止まっていたという。南大門の前にたどり着いた魚がそれ以上、中には入れなかったということを物語るために置かれたのである。

このほかにも、雀が糞をかけない、舎利《しゃり》殿に祀られている舎利に聖徳太子の姿が映るといった神秘的な話から、通常、門は1口あるいは3口というように奇数の入口を設けるが、なぜ中門の入口はわざわざ真ん中に柱を立てて2口にしているのかなど、解明されていない謎が多々残されている。

藤原氏の連続死と太子を結ぶ線

ところで、聖徳太子は4人の妻をめとり10数人の子供をもうけたが、それ以上、子孫を繁栄させるには至らなかった。なぜなら、聖徳太子が亡くなったのち、残された太子一族は蘇我《そが》氏によって自害という形で滅ぼされてしまうからだ。

聖徳太子が没してから6年後に亡くなった推古天皇の遺言には、次の天皇候補として田村皇子《たむらのみこ》と聖徳太子の嫡男、山背大兄皇子《やましろのおおえのみこ》の2人の名が挙げられていた。しかし、朝廷の実権を握っていた蘇我蝦夷《そがのえみし》は山背大兄皇子を嫌っており、また操りやすいという理由から何としてでも田村皇子の即位を願った。

ところが、山背大兄皇子のほうが世間の評判もよく、また蝦夷の叔父、境部臣摩《さかいべのおみま》理勢《りせ》が山背大兄皇子を支持、田村皇子の即位は危ういものになってきたのである。そこで蝦夷は叔父を殺し、田村皇子をまんまと舒明《じょめい》天皇として即位させることに成功した。

ところが予期せぬことに、14年後に早くも舒明天皇は崩御してしまう。そこで再び新しい天皇を決めなければならなくなった。このときも山背大兄皇子が候補に挙がったが、蝦夷はあれこれ手を尽くして、なんとか舒明天皇の別后を皇極《こうぎょく》天皇として即位させることができたのである。

山背大兄皇子の存在によって、なかなか思惑どおりにことが進まぬことに腹を立てていた蝦夷、そして息子の入鹿《いるか》は次第に山背大兄皇子に対する憎悪を募らせていった。そしてついに蝦夷親子は、山背大兄一族を襲ったのである。周囲の住民をまきぞえにしたくない、戦乱は避けたいと考えていた一族は、とうとう自害という道を選んだのだった。

こうして蝦夷と入鹿は長年の望みを果たすことができた。ところが数年後、入鹿は中大兄皇子《なかのおおえのみこ》と中臣鎌足《なかとみのかまたり》（後の藤原鎌足）に斬殺され、蝦夷も自害させられるのである。

ここまでの話を聞くと、あたかも中大兄皇子と中臣鎌足が太子一族の敵をとったかのように思える。ところが、実は中大兄皇子と中臣鎌足は太子一族滅亡に荷担し、蘇我氏が一族を滅ぼしたと見せかけておいて、蘇我氏までをも滅ぼしたのである。それもこれも、天下を取ろうとしたからだ。これが大化改新《たいかのかいしん》である。

それから数百年後、突然藤原氏の4兄弟が相次いで変死を遂げる。また、藤原鎌足自身も直接の死因は落馬だが、砒素《ひそ》をもられていた可能性が大きいことが後年、

左から五重塔、金堂、中門。

明らかとなった。

こうした歴史を踏まえたうえで浮上してきたのが、これら藤原氏の連続死は一族を滅ぼされた聖徳太子の怨念によって起こり、その怨念を封じ込めるために中門の真ん中に1本の柱が設けられたという説だ。

また、中門の柱についてはほかにも1つの入口では大きすぎ、3つでは狭すぎるために柱を立てて2つの入口にしたなど、諸説挙げられている。

この中門の柱、3つの伏蔵を含めて新七不思議を唱える人や、法隆寺で行われる祭などを入れて独自の七不思議を掲げる人もいる。いかに法隆寺には不思議きわまりない点、解明できていない点が多いかがわかるだろう。

五重塔はなぜ倒壊を免れたのか

美しいフォルムを残す五重塔。その五重塔を倒すほどの地震は存在しないといわれ、事実これまで地震が起こっても五重塔は倒れなかった。鉄筋コンクリート造の近代建築物のほうが、はるかに倒壊する可能性が高い。

それでは、なぜこの五重塔は倒れないのだろうか。

五重塔の構造はざっとこうだ。まず、地下3メートルのところにたいして大きくもない心礎《しんそ》とよばれる石が置かれている。その上に塔の中心を一直線に貫く心柱《しんばしら》が立っている。そして5つの屋根が覆い被さっているが、上層に行くほど平面が狭くなり、安定感に富んでいる。飛鳥時代以降の塔は、地上の礎石の上に心柱が立っているが、法隆寺の場合は礎石と柱の一部が地下に埋もれているのが特徴である。

法隆寺の五重塔を含め、ほかの寺の木塔が倒れなかった理由としてこれまでに往々にしていわれてきたのが、振り子理論である。地震が起こったときに心柱が振り子のように揺れて、地震と心柱が互いに影響しあって振動が小さくなるというのだ。しかし、これは日光東照宮の塔のように心柱が周囲から吊るされている場合に限ってのことで、五重塔のように梁によって支えられる塔には該当しない。

実は、五重塔はわずかに押しただけでも動いてしまうといわれている。が、このすぐに振動が起きるところが、倒れない重要なポイントになっているというのだ。

専門家によれば、五重塔はいわば5つの帽子を積み上げたような構造で、地震が起きた場合、たとえば1層目の帽子が左に傾いたとすると、2層目は右に傾き、3層目はまた左に傾くというように塔がスネークダンスを踊り、このスネークダンスの動きを心柱が抑えることによって、次第に塔全体の振動が抑えられていくというのだ。

また、柱が心礎の上に立っていることから、直接柱に振動が伝わらないということも理由の1つに挙げられている。同様に鉄筋コンクリートの建物も、しっかりと作られた土台の上に建っている。木々などは大地に根をはり、大地と一体化しているため、建物自体を大地に埋め込んだようなものなのだ。そのため振動が直接、建物に伝わり、もろくも崩壊してしまうというのである。

ところで、柱といえば金堂などに使用されている柱は中央部分だけが膨らんでいるのが特徴である。これは飛鳥建築様式の特色だが、法隆寺の柱は極端に太くギリシャの古典建築に見られる特徴と同じといわれているのだ。この柱についてもギリシャから伝わった、ギリシャに人を派遣し技術を習得させたなどさまざまな説が挙げられているが、偶然の一致という意見が大方のようである。

秘仏、救世観音と百済観音の謎

建物ばかりでなく、法隆寺に安置されている仏像にも謎が多分に含まれている。

その1つが夢殿の本尊、救世観音（夢殿観音）である。救世観音はクスノキでできた、聖徳太子をモデルに作られた等身大の立像で、ほかの像に比べて人間くささを醸し出している。

目は見開かれ、口角は上に上がってにやりとしており、穏やかというよりは愛嬌のある表情だが、下からのぞくと一変して目のつり上がった恐ろしい顔となる。そのためか芸術家や作家たちは、化け物じみた、不気味、不思議な顔などと表現している。その観音像が、長いあいだ誰の目にも触れることなく秘仏化されてきたというのだ。

夢殿は739年、行信僧都《ぎょうしんそうず》という高僧が太子の霊を慰めるために建てたもので、千数百年扉が開けられることはなかった。1884年（明治17年）に文部省が調査のために扉を開いたとき、白布と和紙で梱包された救世観音が発見されたのである。専門家によれば、夢殿創建よりも100年ほど古い仏像様式だという。つまり、640年ごろに作られたということになる。

では、救世観音はいつごろから秘仏化されるようになったのだろうか。

法隆寺の資料によれば、布に巻かれるようになったのは1696年（元禄9年）ごろと推測でき、また1100年代後半には、像の前に几帳のようなものが垂らされ、その姿を直接見ることはできないようになっていたという。それ以前の記録はなく、救世観音が人々の前に姿をさらけ出したことが1度としてあったのかどうかはわからない。

ただし、1000年以上封印されていたといわれている夢殿は実際、特別なときには扉をあけていたようで、厨子《ずし》の中に入ったまま、あるいは几帳などで隠されたまま救世観音を拝むことはできたようだ。

ところで、救世観音にはこんな話が残されている。1227年、大講堂の本尊にするため、救世観音の模像が作られることになった。ところが模像を彫った仏師は、無事観音像を彫り終えるとその場で死んでしまった。原因は不明である。これは1200年代、顕真《けんしん》が書いた『聖徳太子伝私記』に記載されたもので、これが秘仏化に拍車をかけたともいわれている。その模像は現在、残されてはいない。

法隆寺にはさらに謎に包まれた仏像がある。1998年に落成した百済《くだら》観音堂に安置されている百済観音がそうだ。すらりと伸びた容姿、穏やか表情、水瓶を持つしなやかな指など優美な風情が多くの人々を魅了する観音像である。ところがこの百済観音、制作年代も誰が作ったのかも、どこで作られたのかも伝承が何もないのである。

救世観音像が祀られている夢殿。

百済観音はかつて虚空像菩薩《こくうぞうぼさつ》、朝鮮風観音像、韓式観音と呼ばれており、1918年（大正6年）にはじめて百済観音と称されるようなった。名の由来は、ある史料に百済国より渡来した天竺《てんじく》の像と記されていたからである。

しかし、百済という言葉が記録に出てきたのはこのたった1度だけで、あとにも先にも出てこないのである。つまり、誰もが百済に関連した観音像だと疑いもしなかったこの百済観音は、百済からやってきた、あるいは百済に関係のある像であるかどうかは定かではないのだ。また、左手に水瓶をさげていることから、一時は酒買い観音と呼ばれていたこともあったという。実は百済観音はあくまでも愛称であって、正式名称は「木造観世音菩薩立像」である。

救世観音と百済観音、これら2つの像にはさらに多くの謎が隠されているようだ。

『日本書紀』に記された法隆寺全焼の真相

「670年（天智9年）、法隆寺全焼」

この、『日本書紀』における法隆寺についての唯一の記述が、再建非再建論争の発端となったのは有名な話である。論争は明治中ごろから白熱化し、大正、昭和と約1世紀にわたって続いた。明治時代のある建築史家は、建築に使われたモノサシの長さから火災以後の建物ではないと主張し、またある人は建築様式から再建されたものだと主張した。また、多くの建築史家たちは聖人である聖徳太子が関与している寺ということから、あくまでも非再建説を唱えたという。

しかし、1939年（昭和14年）、1968年、1969年（同43年、44年）、そして1978年（同53年）の発掘調査によって再建説は不動のものとなった。西院の東南部に若草伽藍《わかくさがらん》と呼ばれる大規模な寺院跡が発掘されたのである。

さらに、金堂や五重塔の天井裏に人物画や落書きが発見され、鑑定した結果、それらは飛鳥時代のものではなく670年以降のものと判明したのだ。

つまり、若草伽藍こそが聖徳太子の建てた法隆寺であり、これが670年に焼失。現法隆寺は聖徳太子の死後に建てられた、というのがいまでは定説となっている。中には若草伽藍と現在の法隆寺が一時併設されていたという、法隆寺二寺説を説く人もいる。

それにしても法隆寺は落雷によって全焼したといわれているが、はたして距離を置いたそれぞれの建物にうまく飛び火して全焼するものであろうか。また薬師如来像や、釈迦三尊像を焼け跡1つ残さずに運び出すことは可能だったのだろうか。

そればかりでない。さらに驚くべき事実が発覚したのだ。1987年（昭和62年）、金堂の薬師如来像の台座を修理に出した際、台座の裏から絵と落書きが見つかったのである。とくに落書きは金堂の天井裏にあった落書きと筆跡がよく似ており、鑑定の結果、書かれた時期が金堂の建てられた時期と一致することがわかったのである。ようするに、薬師如来像も再建時に作られたというのだ。

では、光背に刻まれた607年の創建についての記述はいったい何であるのか。嘘偽りだというのか――。

法隆寺が誰の手によって再建されたのか、本当のところはわからない。『日本書紀』にも再建されたという記述はなく、不思議なことに『法隆寺資財帳』にも火事の事実はいっさい記されていないのだ。

それどころか、実は『日本書紀』には607年の創建の記述もないのである。つまり、聖徳太子と推古天皇が建立したという史実が覆される可能性がないとは言い切れないのだ。

また『日本書紀』によれば、聖徳太子は607年、小野妹子《おののいもこ》を第1回目の遣隋使《けんずいし》として隋に派遣している。が、隋の記録文書『隋書』にはすでに600年、日本から遣隋使を迎えたと記録されているのである。

『日本書紀』は神代から持統《じとう》天皇までの歴史をつづった歴史書で、720年に完成している。もし『隋書』が事実だとしたら、『日本書紀』はなぜ歴史をねじ曲げて記しているのだろうか。知る術がいっさい残されていないいま、われわれはただ想像することしかできないのだ。

聖徳太子はいったい何者だったのか

574年に誕生し、622年にこの世を去ったと伝えられる聖徳太子は、本名、廐戸《うまやどの》皇子、豊聡耳《とよとみみ》皇子といい、ほかにも上宮《じょうぐう》皇子、上宮太子と呼ばれていた。聖徳太子とは諡号《しごう》で死後送られたものである。

19歳という若さで伯母、推古天皇の皇太子となり、存分にその聡明さを発揮する。代表的なものには、日本初の憲法「十七条憲法」や能力によって役人の地位を決めるという「冠位十二階《かんいじゅうにかい》」の制定、そして遣隋使派遣が挙げられる。また、仏教典の解説書や国史の編纂なども行っていたようだ。

「十七条憲法」は、役人は私情をはさんではいけない、役人は早く役所にきて遅くまで働け、など現代にも通用する憲法であり、「冠位十二階」は昇進を目指して仕事に精を出させるのが目的といったように、いまの日本企業のお手本ともいえる制度である。

このように聖徳太子は日本の基礎を築いたといわれているが、その謎に包まれた人物像をめぐっては、さまざまな説が生まれている。たとえばペルシャ人説。

兵庫県にある鶴林寺には太子の毛髪が保管されているというが、これが赤毛だというのだ。

また、明日香村から出土した石人像はペルシャ人を彷彿とさせる風貌をしており、聖徳太子が作らせた軍旗、四騎獅子狩文錦《しきししかりもんきん》にもペガサスに乗って獅子を倒そうとするペルシャ人らしき騎士が描かれている。この騎士たちがかぶっている冠を救世観音も装着しているというのだ。

さらにはこんな説も飛び出した。

聖徳太子は北朝鮮からイラン北部を征服していた遊牧騎馬民族、突厥《とっけつ》人であり、しかもその中の英雄、頭達《たるどう》だというのだ。

この説はある歴史家が唱えたもので、根拠を著書の中でこう語っている。

まず、有名人物の生死の記録はほとんどが例外なく歴史書に残されているが、頭達の場合は５９９年の戦いの記録を最後にぷっつりと姿を消している。また頭達は隋や百済と関係があり、その二国を通して日本と連絡をとっていた。頭達が突厥から姿を消すとほぼ同時期、今度は日本で聖徳太子が登場してくる。

一方、日本の史料にも頭達が姿を消した翌年の推古8年（６００年）、43万人の夷《い》狄《てき》が来襲してきたという記録がある。ほかの文献にも、推古天皇の時代に８０００人が海外から北九州に上陸したと残されている。これらは、頭達が大群を引き連れて日本にやってきたということを物語っているのだろうか。

ほかにも救世観音の冠の模様はイラン系王族の流れを汲むなど、どう考えても聖徳太子は頭達だというのだ。

また、太子は牛乳を常飲していることから遊牧民族であったことが容易に想像でき、夢殿もパオをかたどったものと語られている。

これ以外にも太子が外国人だったという説は多々ある。10人の声を聞き分けることができたというのは10カ国語話せたということ、側近は高句麗《こうくり》や百済など海外出身者が多いことなどがその理由である。

また太子の母、穴穂部間人皇后は救世観音と名乗る僧が夢に出てきて太子を身ごもり、正月の1日、馬小屋で出産したという。まるで、イエス・キリストの誕生とそっくりの話である。その救世観音は西からきたといったそうで、それはペルシャを指しているともいわれている。

一方で、非実在説も発表されている。その説によれば、《厩戸皇子》はたしかに存在したが、数々の偉業を成し遂げた聖徳太子のような人物ではなかったという。ある理由から理想的な皇太子像を作らねばならなくなり、そのとき政権を握っていた誰かが太子を作りあげたというのだ。

『日本書紀』には、聖徳太子の誕生については記載されていないが、もっと早く完成した日本最古の歴史書『古事記』にも聖徳太子についてはなんら記されていない。ところが、法隆寺には聖徳太子についての資料は残されているのだ。『日本書紀』は、寺院などの資料を参考に作成されたことがわかっているが、なぜ法隆寺に残されていた資料を活用しなかったのかは謎である。そこで成立する1つの説が、現在知られているところの聖徳太子は、何者かによって法隆寺再建後に架空の人物として作られた、というものだ。そうであれば、『古事記』や『日本書紀』に登場せず法隆寺の資料には記載されていることも納得がいく。

しかしながら、聖徳太子が存在しないとなると誰が十七条憲法や冠位十二階を制定し、そして法隆寺を作ったというのだろうか。また、彼にまつわる人々もまた架空の人物なのだろうか。

観世音寺伽藍との奇妙な類似点

話は法隆寺に戻るが、たしかに法隆寺は斑鳩町に存在する。そして、現存する法隆寺はおそらく再建されたものであることもほぼ確定された。

ところが、解体修理工事の結果から次のような説が推測されている。

法隆寺は、いまの福岡県太宰府《だざいふ》市に置かれた大宰府《だざいふ》都城の観世音《かんぜおん》寺が移築されたものであるというのだ。当時、日本には九州を中心とした俀《たい》国という国があり、その中心地が大宰府であった。

大宰府とは筑紫郡に置かれた役所のことをいい、碁盤の目状に作られた町にはすでに井戸が掘られ、かなり発達した町であったという。

その大宰府に観世音寺が建っていた。実はいまでも観世音寺の古図が残されており、それを見ると、中門を入って右手に五重塔、左手に金堂、正面に講堂が描かれている。たしかに法隆寺とは塔が東西逆であったり、金堂の向きが90度違うなど建物の位置は異なるが、2つの寺はデザイン的要素が共通しており、古図に描かれている寺はまさしく法隆寺といえるのだ。

この移築説によれば、位置を変えたのは俀国、観世音寺のイメージをなくすためと推測されている。

そのころ絶大なる勢力を持っていた俀国は、いまの本州を支配していた国、大和に侵略されてしまう。そして、大和は俀国の象徴ともいうべき観世音寺を運んで斑鳩町に建てたというのだ。

移築されたとする根拠は、焼失後に新築されたはずなのに、組立て変えた形跡があること。また部分的に古材が使われていることなどが挙げられている。さらに年輪年代測定法に基づいて調査した結果、五重塔は670年を80年近くもさかのぼる591年以降に建設されていたことがわかったのだ。

また、金堂の格縁と天井板とが接する部分に「六月肺出」と書かれた戯書が見つかった。肺とは彗星のことで、これはハレー彗星のことを指しているという。実際、調査した結果、617年にハレー彗星が訪れていることが判明したのである。この戯書は創建当初に描かれたことが明らかにされており、寺が完成したのはおそらく

真中に柱を立て入口が２口ある中門。

618年のころと推測されるという。

では、聖徳太子をモデルにした救世観音はいったい誰なのだろうか。俀国には上宮法皇という王がいた。つまり救世観音は上宮法皇、百済観音はその妻、干食皇后だというのだ。この2体は同じクスノキでできていること、首飾りの輪郭線や足下の作り方、手の表現など共通点も多く見出されており、対になっているらしい。

また聖徳太子が上宮王と呼ばれているのは、まさしくこの上宮法皇を土台に作られているからだという。

異論を唱える人もいるだろうが、移築説が成立する可能性も十分にあるといえはしないだろうか。

パリのギメ美術館に眠る法隆寺の菩薩像

さて、これだけの年月を経ている法隆寺を後世に残すためにも、修復や修理は不可欠である。とくに明治時代には法隆寺伽藍の修復は重要な課題とされ、法隆寺保存会も結成されたほどである。

ところが、国から補助金が出るといっても莫大な費用がかかる。実はこの時代、法隆寺では修復金を確保するために、真剣に什器などの売却が検討されていたという。中には現在、国宝に指定されている玉虫厨子《たまむしのずし》までリストに挙がっていたというから驚きである。

玉虫厨子とは飛鳥時代の仏像などを納める仏具のことで、透かし彫りの金具の下に玉虫のオスの羽が敷き詰められていることから、この名がついたという。推古天皇が使っていたといわれる、それこそ貴重な仏具である。

結局、売却することはやめ補助金と公債でなんとか賄ったという。

また、１８８１年（明治21年）に寺宝を法隆寺の外へ持ち出してはいけないと決められるまで、法隆寺の宝物はあちらこちらに流出していたという。法隆寺に限らず当時の寺院では、寺僧が美術商に宝物を売りわたすことは日常茶飯事だったのだ。事実、明治に行われた大規模な法隆寺展では、個々のコレクターたちが多数の品々を出品しているのである。

ところが第二次世界大戦が勃発し、世の中が混乱すると、出品された品々の一部はどこへ行ったのかわからなくなってしまったという。

流出した宝物のうち、いつの間にかアメリカへわたり、現在、クリーブランド美術館に所蔵されている像もある。さらには、フランス・パリのギメ美術館の倉庫から鎌倉時代の菩薩像が発見されたこともあった。この菩薩像はどうやら盗難に遭い、売却を重ねてははるばるパリまで旅をしたようだ。

いまや世界各国から観光客が訪れる名刹《めいさつ》、法隆寺。それは単なる古い寺ではなく、日本史を大きく覆す可能性を秘めた神秘の寺なのだ。

果たして隠された真実が露見するのはいったいいつのことになるのか。あるいは真実は封印されたまま、推測という行為のみをわれわれに与え続けるのか。

法隆寺に魅せられたその瞬間、人は迷宮の世界へと旅立つのである。

第2章

1200年のときを超えて甦る日光の実像

日光の社寺

文化遺産 1999年

日本で10番目の世界遺産として登録された日光の社寺。しかし、どういうわけか、ほかの寺や神社に比べてさほど研究が進められてこなかった。それゆえに、解明されていない謎が多い。たとえば、なぜ家康はこの地を選んだのか。名工・左甚五郎の知られざる実像とは。こうしたすべての謎は推測の域を出なかった。が、ようやくいま、その謎が明かされようとしている。

●東武日光線〈東武日光駅〉、JR日光線〈日光駅〉下車　バス7分
●日光IC下車5分

家康はなぜこの地を選んだのか

2000年4月20日。徳川3代将軍家光《いえみつ》の墓所、日光山輪王寺《にっこうさんりんのうじ》の大猷院《たいゆういん》「奥の院」が350年目にしてはじめて一般公開された。この日はちょうど家光の350回目の命日にあたり、世界遺産への登録記念も兼ねて公開されたもので、最初のひと月で参拝者はすでに14万人を超えたという。これは、大猷院の年平均参拝者数の2倍以上にあたる数字だ。

この家光の眠る輪王寺、徳川初代将軍家康《いえやす》の霊廟《れいびょう》である東照宮《とうしょうぐう》、男体山《なんたいさん》（二荒山《ふたらさん》）に建つ二荒山神社の二社一寺からなる「日光の社寺」が日本で10番目の世界遺産に登録されたのは、20世紀最後の年を目前に控えた1999年の暮れのことであった。

輪王寺は天台宗の東の総本山で、このため天台宗支院の総称を「日光山」と呼ぶ。日光山開山の祖と仰がれる勝道上人《しょうどうしょうにん》が、弟子とともに大矢川《だいやがわ》をわたって四本竜寺《しほんりゅうじ》を建立し、日光開山の基礎を作ったのは766年のことだ。

四本竜寺はその後、満願寺《まんがんじ》、光明院、そして1883年（明治16年）に輪王寺と名称を改め、現在に至る。輪王寺には本堂のほか大猷院や慈眼堂《じげんどう》、観音堂など仏教関係の廟や堂が多数集まっている。本尊は家光で、大猷院の本殿、相の間、拝殿は国宝に指定されている。

同じく勝道上人が７９０年に建てた男体山の本宮《ほんぐう》神社が、二荒山神社の起源である。ご祭神は大己貴命《おおなむちのみこと》、味耜高彦根命《あじすきたかひこねのみこと》、田心姫命《たごりひめのみこと》の三神である。その二荒山神社の玄関口に架かる神橋《しんきょう》は山口県の錦帯橋《きんたいきょう》、山梨県の猿橋《さるはし》と並んで日本三名橋の1つに挙げられている。

さて、絢爛豪華な姿が見たもの誰をも魅了し、日光を代表する建物といえば、東照宮をおいてほかにないだろう。

「遺体は駿河国《するがのくに》の久能山《くのうざん》に葬り、葬儀は江戸の増上寺《ぞうじょうじ》で、そして三河国《みかわのくに》の大樹寺《だいじゅじ》に位牌を納め、1周忌が過ぎてから下野《しもつけ》の日光山に小堂を建てて勧請してほしい」

家康はこう遺言を残し１６１６年（元和《げんな》2年）4月2日、75歳の生涯を閉じた。翌年、遺言どおり徳川2代将軍秀忠によって質素な霊廟が建てられたが、現在の豪華な東照宮に大造替《だいぞうたい》したのは家光である。

それにしても、なぜ家康は馴染みがあったとはとうてい思えない日光を永眠の地に選んだのだろうか。

実は、日光東照宮は北極星を背にして江戸城を向いて建っている。つまり、江戸城からまっすぐ北上した地点に東照宮はあるのだ。また、一番最初に遺体を納めた久能山東照宮から富士山を経由してまっすぐ北東、神の世界の方角に建っていることも見逃せない事実である。さらに、久能山からまっすぐ西に線を引くと、家康にゆかりの深い鳳来寺山《ほうらいじ》と岡崎を結ぶことができるのである。

鳳来寺山には家康の生母が子授けの祈願にきた鳳来寺が建ち、岡崎は家康誕生の地である。ある学者はこの久能山から岡崎までを結ぶ線を太陽の道と名づけている。なぜなら、真東と真西を結ぶ線は秋分、春分の日に日が昇り沈む聖なるラインだからである。

家康が日光を選んだ理由は諸説挙げられているが、1つにはこの太陽の道の先端にある久能山東照宮から見た神の世界の方角と、北極星の北が交わる地点が日光だからという説がある。このことから、家康は北極星に対する思想や信仰を持っていたことがうかがえる。

また、北東は鬼門にあたることから、あえて立ちはだかって江戸を守ろうとしたのではないかとする説もある。

が、いずれの説にしてもいまのところ確証はなく、真相は闇に包まれたままだ。

歴史の闇に消えた怪僧・天海の正体

日光東照宮は家康を祀《まつ》る聖なる地としてその名を全国に浸透させているが、実は東照宮という名は大論争の末つけられたものなのだ。

家康が亡くなると幕府の宗教担当である天海《てんかい》、崇伝《すうでん》、凡舜《ぼんしゅん》らは家康の神号を決めることになった。ところが天海は、「神号を権現《ごんげん》として神仏習合神道《しんぶつしゅうごうしんとう》で祀りたい」とし、崇伝は「神道で祀り大明神の神号を奉りたい」と、天海と崇伝のあいだで大論争が巻き起こったのである。

平安時代には神と仏は同一のもので、仏が日本で形になったのが神だといわれていた。これが神仏習合神道の思想である。しかしその後、神のあいだで仏教から離れようとする動きが起こり、それが唯一神道となった。当時、死者を祀る法儀《ほうぎ》はほとんど吉田神道《よしだしんとう》の法儀にのっとり、この法儀が最高のものと考えられていた。ちなみに、豊臣秀吉は吉田神道で豊国《ほうこく》大明神として祀られたが、結局一族は滅亡してしまった。

天海は、そうした豊臣家の末路を見れば明神はよろしくないと主張し、結局、大権現と決定されたのだった。そして、神号の宣下《せんげ》を朝廷に願ったところ、「日本」「霊威」「東光」「東照」の４つの案が出されたという。ある研究者は、この４つの言葉にしぼられた理由をこう推測する。

このとき、すでに霊廟は日光に建てることが決まっていたため、日光をイメージさせる言葉と江戸の方角である東を組み合わせて東光、東照が考案された。また、日本や霊威はごくありふれてはいるが、誰にでもわかりやすい言葉として案に出されたというのだ。

結果、世の中を照らす太陽神、天照大神《あまてらすおおみかみ》になぞらえて東照が選ばれたのだった。こうして、家康の神号は東照大権現《とうしょうだいごんげん》となり、東照大権現を祀る場として東照宮となったのである。

ところで、ここまで権限を持つ天海とは、いったいどういう人物なのだろうか。

天海は家康、秀忠、家光の３将軍に仕えた僧、具体的には政治に対して助言を行っていたいわば幕府のブレーンで、１０８歳で入寂《にゅうじゃく》したという。死亡年齢についてはの１０８歳のほかに90歳説から１３５歳説までとさまざまだが、いずれにしろ長寿をまっとうした僧であることはたしかなようだ。

しかし、彼の経歴には穴がある。とくに前半生がまったく不明で、徳川家のブレーンとして突如歴史の表舞台に登場してくるのである。

実は、豊臣家を滅亡させることになった大坂夏の陣のきっかけを作ったのは天海だという説があり、その天海はなんと織田信長《おだのぶなが》の重臣で、豊臣秀吉を憎んでいたあの明智光秀《あけちみつひで》だと唱える研究者がいるのだ。理由の1つは突如として歴史上に登場するというほかに、天海の諡号《しごう》である慈眼大師という名は、光秀の木像と位牌が安置されている京都府の村に建つ慈眼寺にちなんだものであるからだという。この地はかつて光秀の居城があったところでもある。さらに、家光の乳母は春日局《かすがのつぼね》であったが、春日局は光秀の姪でもあったのだ。果たしてこれは単なる偶然だろうか。

しかし、もし仮に天海が光秀だったとしたら、なぜ家康は宿敵である信長の重臣をわざわざバックにつけたりしたのだろうか。一説には、織田信長を陥れた本能寺《ほんのうじ》の変《へん》は家康と光秀の2人が共謀して起こしたといわれている。光秀は、自分よりも秀吉に信頼を置くようになった信長に不満や不信感を募らせ、自らも信長に対して心を閉ざしていく。そこにすばやく眼をつけたのが家康だったのだ。

家康は前々から天下を取るために信長を倒そうと思っていた。しかし、たとえ信長が死んでも最強といわれた織田軍団が壊滅するはずがない、逆に自分の首が危う

下から輪王寺、東照宮（右上）、二荒山神社（左上）。

くなると考えた。そこで光秀と手を組み、光秀が殺害したことにすれば自分の身に危険はないと目論んだのである。

こうして信長殺害は光秀の陰謀によるもので、光秀自身も自害してこの件は一件落着、ということになったのである。

しかし、実は光秀は僧侶、天海として徳川家に迎え入れられていたというわけだ。数々の偶然や家康、光秀の胸のうちを想像すると、この説もあながち嘘とはいえなくもないだろう。

ところで、東照宮が現在、全国に何社あるかご存知だろうか。およそ300社だが、江戸時代にはなんと555社もあったという。当時の儀式は天海が編み出した方法で行われるのが常で、家康と東照宮というよりは天海と東照宮の結びつきを強調していたようだ。

そうした事情を鑑みてこんな説も挙げられている。天海は日光を拠点に東照宮のネットワーク化を図り、宗教界に君臨しようとしていた、というものだ。日光の東照宮から地方の東照宮へ社僧が派遣されていたという事実もある。

天海は僧なのか、明智光秀なのか。そして本当の目論見はいったい何だったのか。いまとなっては誰も知る由はない。

東照宮の伽藍配置に隠された意味

さて、東照宮が現在の形になったのは１６３６年、家光によってである。それ以前は、遺言どおりごく質素で簡素な造りであった。家康を崇拝していた家光は、父秀忠に遠慮し、秀忠が亡くなったのち、家康の21回忌に間に合わせて１６３４年から1年5カ月という短期間で大造替したのだった。

もちろん、家光が家康を慕っていたことからこれだけの大造替を行ったことには間違いないが、江戸幕府が確立され、安定していたということと、経済的にも充実していたからこそ可能になったとも考えられている。

建築にかかわった総労働人口は実に４５３万人以上にものぼり、またその建築デザインや構成は、現代の建築学者をうならせるものだった。とくに、建物をあおぐという点を考慮して設計がなされた構想は絶賛されている。

たとえば、正面に10段の石段があるが、この石段は上に行くほど奥行きの幅が狭くなっており、遠近法の作用によって実際よりも奥行きが感じられるようになっているという。

　また、表門、陽明門《ようめいもん》、唐門と奥に進むにしたがって門の高さは低くなり、同時に幅も狭くして遠近感を強調している。

　さらには陽明門や鐘楼《しょうろう》、鼓楼《ころう》などは下部に比べて上部を相対的に大きく設計することによって、上部の美しさを引き出し、印象づけようとしたという。このように東照宮は、三次元的空間の効果をもたらす配置構成やデザインがなされていたのである。

　ほかにも東照宮は西欧文化の影響も多大に受けているようだ。表門前の広場、千《せん》人枡形《にんますがた》はほぼ正方形であるが、神社では正方形に形を作ることはごく希だという。水盤舎《すいばんしゃ》の水はサイフォン式で噴出する仕組みになっているが、これも西欧手法の1つである。また、陽明門近くにはオランダから贈られた銅製の燭台《しょくだい》や、オランダ灯籠などが置かれている。

　さらに驚くべきことに、伽藍《がらん》の東にあるトイレは水洗式だったのである。おそらく日本で一番最初の水洗式トイレがこれだろう。ほかにもスペインの国王から贈られた枕時計などもあり、こうした海外からの輸入品と同時に建築技術も輸入されたと考えられている。

ところで石鳥居をくぐると五重塔があるが、これは東照宮の中で唯一個人の手で建てられ寄進されたものである。贈ったのは若狭小浜《わかさこはま》藩主の酒井忠勝《さかいただかつ》である。五重塔は高さ35メートルの朱塗りの塔で、ほかの塔とは異なり各層の屋根はほぼ同じ大きさである。これは雪害対策のためだという。

また、風や地震から守るために、塔の中の心柱《しんばしら》は鉄の鎖でつり下げられ、重心が常に中心に来るよう設計されているのも特筆すべきことである。

5000体以上の不可思議な彫刻群

東照宮の特徴はなんといっても豊かな色彩と壁画、そして彫刻だろう。

彩色《さいしき》や壁画の制作は画家、狩野探幽《かのうたんゆう》が中心となって行われた。そのうちもっとも代表的な作品の1つといえば、陽明門の天井画「雲龍図」である。東照宮は19回も修理されたが、この「雲龍図」だけは一筆も加えられることなく当時の姿を維持する貴重な絵画なのだ。もちろん、狩野探幽自身の筆によるものと伝えられている。

ところが、これに異論を唱える人もいる。「雲龍図」は南側と北側に描かれているが、よく観察してみると両者には画風の違いが見られるというのだ。南側の龍は体やひげに豊かでしなやかな動きがあり、ウロコの重なり具合も自然だという。耳の形も繊細で美しく描かれている。明らかに南側のほうが北側よりもすぐれているというのだ。

このことから南側はたしかに探幽自身が筆をふるったが、北側は弟子によるものではないかと推測されている。しかし、現在のところ、それを証拠づける資料はなに1つ残されていないのである。

ちなみに陽明門は間口7メートル、奥行き4・4メートル、高さ11・1メートルの大きさで、白、黒、金、青、緑、朱など多彩な色彩と精密な彫刻が施され、1日見ていてもあきないことから「日暮門《ひぐらしのもん》」とも呼ばれている。

その表側と裏側はほとんど同じ造りであるが、裏側の通路左手2番目の柱だけは文様がほかの柱とは逆になっている。魔除けのためにわざと逆にしたもので、「魔除けの逆柱」ともいう。

また、先述したとおり東照宮は北極星を背にして建っているが、ちょうどこの陽明門の真上に北極星が輝くようになっている。

ところで、宮内の至るところに施されている彫刻だが、霊獣や花鳥など多種多様のモチーフが用いられ、国内でこれほどの数と種類が彫られた建築物は他に類を見ないといわれている。その数、５１７３体。種別方法は研究者によって異なるが、おもに人物、天女、霊獣、鳥類、植物、昆虫、魚類、水波、雲、文様、文物、錦板（デザイン化された彫刻）の12に大別する場合と、人物、動物、鳥類、植物、昆虫、魚類、自然現象、文様や文物などのその他の8種類に分類される場合とがある。

　東照宮を代表する彫刻としてよくクローズアップされるのが「眠り猫」と見ざる言わざる聞かざるの「三猿」である。眠り猫が左甚五郎《ひだりじんごろう》の作というのは周知の事実だ。左甚五郎は足利義満《あしかがよしみつ》の家臣、伊丹正利の息子で、江戸前期の彫刻、建築の名工だった。

　たしかに左甚五郎という名工は実在した。ところが、眠り猫を彫った左甚五郎の話は江戸時代の講談師が創作したもので、実際に彼が眠り猫を彫ったかどうかはわからない。同様に、三猿も誰が彫ったのかは不明である。

　さて、その見ざる言わざる聞かざるの三猿だが、実はあくまでも物語の一部分として彫られた猿なのだ。順を追って見ていくと、まず親子の猿が登場。額に手をかざして遠くを眺める母を、安心したまなざしでじっと見つめる子猿が傍らにいる。

　次に「見ざる言わざる聞かざる」が登場し、今度は座っている1匹の猿が登場する。さらに眼を移すと2匹の猿が上を見上げている。それから今度は1匹の猿が下をのぞき込み、1匹の猿がその猿の背中をさすり、もう1匹が真剣なまなざしで前を向く姿がある。

その後、物思いに耽る2匹の猿、波と2匹の猿、妊娠した猿と続く。さて、これら一連の猿の彫刻はいったい何を表現しているのか。

親子の猿はこの世に誕生したときの様子を描き、次の三猿は幼少時代を指す。物心がつくこの時期には、できるだけ悪いことを見たり聞いたり話したりしないように、という意味を表現したものだ。

座っている猿はこれから1人立ちしようとする猿、上を見上げているのは青年期の猿で輝く未来を見つめているという。次の三猿のうち下を向く猿は崖っぷちに立たされている猿で、横で背中をさすっているのは慰めているらしい。

物思いに耽る2匹の猿は恋愛中、波と2匹の猿は人生の荒波をこれから2匹で超えようと決意した新婚猿で、そしてメス猿が妊娠、というわけである。妊娠したら、また話は一番最初に戻るのだ。つまり、ここには誕生から親になるまでの人間の半生が描かれているのである。

日光の彫刻には、猿のように実在する動物のほか霊獣の類の彫刻も多い。これに

日暮門ともいわれている陽明門。

ついては、空想的、奇怪なものこそが神を祀るのにふさわしいと考えられて多用したという説がある。その霊獣には唐獅子《からじし》、龍、莫《ばく》、麒麟《きりん》、飛龍《ひりゅう》、息、犀《さい》、龍馬《りゅうば》、獬豸《かいち》があるが、この中で正体不明の霊獣が息である。

一見、龍によく似ているが、上唇の上に鼻があり、角は一角、また襟足の毛髪は渦巻きと明らかに龍とは異なるのである。また、ソクあるいはイキと読むのか読み方も不明なのだ。

同様に、犀もよく麒麟などと間違われる。全体的な体つきは鹿によく似ているが、背中に甲羅があり角は1つ、ヤギのようなあごひげを蓄えている。周りには波を表す模様が施されていることから、水辺に棲む霊獣と考えられている。

龍馬は陽明門にしか見られないが、顔は龍に似ており、足は馬の足をしている。東照宮では天馬《てんば》とも呼んでいる。

こうした彫刻以外にも、頭に2本の角が生え、首から顎へと白いヒゲを伸ばし、人間のような顔をした聖獣、白沢《はくたく》が描かれていたり、顔は龍に似ているがカメレオンのような舌を出している蜃《しん》の像など不思議な生物が東照宮には多い。ちなみに白沢は江戸時代には魔除けのお守りに用いられたという。一方、蜃は龍に似ており、舌に見えるのは口から気をはく様子を表現したものである。

東照宮の彫刻は1日かけても見切れない、見切ってはならないといわれるのはそれが単なる美しくて不思議な彫刻だからではなく、一つひとつに奥深い教訓や意味が込められているからなのである。

鬼門に向けられた本殿と家光の思惑

さて、山腹の急斜面に建つのが輪王寺大猷院である。3代将軍家光は1651年、48歳の若さで死亡した。「死後も魂は日光山中にあって朝夕家康公の側でお仕えしたい。遺骸は日光山に送り、慈眼大師堂のわきに葬ってほしい」という遺命にしたがってこの地に葬られた。

大猷院はさまざまな意味でおもしろい。まず、大猷院の本殿は北東という鬼門の方角に向いているのである。通常、寺院は本尊を南に向かせるのが定式となっている。本尊を安置する本殿を鬼門の方角に向けることはまずない。いったいなぜ大猷院の本殿は鬼門を向いてしまっているのか。

家光の家康に対する崇敬の念は祖父と孫という関係以上に強く、死してなお家康に朝夕お仕えしたいと望んでいる。そこで、家康の眠る東照宮へと本殿を向けたのである。そのため、いたしかたなく鬼門のほうへ向くことになってしまったのだ。

それではご本尊もやはり東照宮、鬼門の方角を向いているのかというと、そうではない。本殿の奥にはもう1つ部屋が設けられており、ここに本尊である釈迦三尊画像が飾られているが向きは後ろ向き、つまり南西を向いているのである。

家光の家康に対する崇敬の念の深さはまた、こんなエピソードにも見ることができる。

家康、秀忠、家光の将軍3代の干支は虎、兎、龍と順に続いている。そこで家光は、自分の後を継ぐ4代目はぜひとも巳年に生まれてほしいと願った。それもできることなら、38歳のときにこの子供を誕生させたいと願ったのである。なぜなら、家康が38歳のときに、父である2代将軍秀忠が生まれているからである。

秀忠は三男でありながら将軍になった人物である。家光はこれにあやかろうとした。また奇しくも家光38歳の年は巳年でもあったのだ。そして家光は「38歳、巳年、将軍」と頭に思い描き神に祈った。結果、驚くべきことに家光38歳の年、のちの4代将軍となる家綱が誕生したのである。

家光はあくまでも純粋な気持ちで家康の側に仕えたいと思い、生前から東照宮に並べて葬られることを、まことにおそれ多いと頑《かたく》なに拒んでいた。また、立派な霊廟も望んではいなかった。そのためか、大猷院は東照宮と伽藍配置はよく似ているものの、小規模で簡素な造りとなっている。周囲の生い茂る木々や苔むした石垣、整然と佇む石灯籠などと調和をなし、静寂な雰囲気を醸し出している。

ちなみに慈眼大師堂の横には1万冊を超える書籍を納めた経蔵《きょうぞう》、天海蔵があり、この中には北京図書館とここにしかない『西遊記《さいゆうき》』の最古版本など貴重な本が保存されている。

この慈眼大師堂へ行く途中に、1基の地蔵が立っている。地蔵は「右衛門の泣地蔵」と呼ばれるもので、名のとおり顔が泣いているように見えるのが特徴だ。モデルは松平右衛門大夫正綱《まさつな》といって17歳のときから家康の側近となり、家光の時代には2万2100石の大名となった人物である。

正綱についてこんなエピソードが残されている。あるとき正綱は、輪王寺の本堂を日本一の堂宇《どうう》にせよと家光から命ぜられた。しかし、正綱は日本一ではなく日光一と聞き違えてしまった。できあがった本堂を見た家光は正綱をせめる。しかし、実はそのとき幕府の財政事情は悪く、とても日本一の本堂を建てる余裕はなかった。正綱はあえて日本一ではなく日光一の本堂と聞き違えたことにしたのだった。

それを知った家光は正綱の思いやりに感激して、しかったことを悔やんだという。そのときの正綱の心情を表し、供養のために僧徒が建てたのがこの地蔵である。

ところで、日光には数多くの祭礼行事があるが、中でも奇祭とされているのが輪王寺の「強飯式《ごうはんしき》」である。文字どおり飯を強いる儀式であり、起源は勝道上人が日光で修行を積んでいるときまでさかのぼるという。この儀式は米3升入りの大椀を持ち、山伏《やまぶし》たちを「喰え喰え」と責めるため、別名「日光責め」とも称される。

かつて山中を歩いて修行していた修験者たちは、各行場でお供えをし、これを持ち帰って人々に分かち与えていた。それがこの儀式のはじまりといわれている。

ほかにもこんな話が伝わっている。

昔、空腹で倒れそうになった旅僧が日光を訪れ、1杯でいいから飯をくれといった。ところが役僧《やくそう》たちは、次から次へと飯を与え、無理強いしたためとうとう旅僧は気絶してしまった。

これを知った地蔵は、役僧たちをこらしめようと旅僧に化け、同じように1杯の飯を乞うた。役僧たちはまたしても気絶しそうなくらいの量の飯を差し出すが、いくら食べてもなんともない。それどころか、もっとくれという。いつまでたってもキリがないため、ついに役僧たちはひれ伏したという。

3代将軍家光の眠る大猷院。

強飯式はこの話をもとにしたのか、あるいは強飯式になぞらえて話が作られたのかはわかっていない。

二荒山神社建立の謎と不可解な高僧の存在

日光の歴史は、輪王寺そして二荒山神社を建立した勝道上人によって始まったという説が定説となっており、その勝道上人にまつわる謎めいた話も少なくない。その1つが男体山登頂に関してである。

勝道上人は男体山登頂を目指してから15年目にしてようやく初登頂を遂げる。たしかに整備されていない、うっそうと生い茂る木々のあいだを進むのは困難をきわめたであろうことは想像に難くないのだが、実際は標高2484メートルの男体山の登頂はさほど大変ではない。60歳以上でも1日あれば登れるといわれている。ましてや勝道上人は当時、30歳代。多くの学者たちにいわせれば、登れないはずがないというのである。

そこで浮上してきたのが、すでに男体山には男体山を信仰する人々が住んでいたという説である。それを裏づけるのが男体山頂から出土した遺物で、5世紀末以前に作られたという勾玉《まがたま》や手捏《てこね》土器が発掘されたほか、7世紀末から8世紀前半のものと思われる錫杖《しゃくじょう》などが見つかったのだ。

考古学者によれば、これらの発掘品から6世紀にはすでに男体山で祭が行われ、勝道上人よりも先に男体山に登頂した修行僧がいたと推測できるという。そのため、すでに一帯を支配していた住民たちが霊峰を犯されてはなるまいと、勝道上人の登頂を阻んだのだ。そんなふうに解釈すれば、彼らを説得させるために15年かかったとしても、なんらおかしくはないだろう。

勝道上人の遺物は唯一、輪王寺宝物殿に残されている錫杖だけである。また、勝道上人が男体山登頂を決意し15年目に成功したと書かれている文献『二荒山碑』には、いつ勝道上人が日光へ来たのかはいっさい、記されていない。ある研究者はこう考える。勝道上人は特定の人の名前ではない、修行僧の中でもとくに優れた人物のことではないかと。

当時、僧は品位によって分けられ、中でも高僧を「勝道沙門」と称したという。しかも、凡語《ぼんご》で発音するとこの言葉はマンガンジと読むというのだ。輪王寺はかつて満願寺とも呼ばれていたのである。

偶然の一致か、それともやはり勝道上人は特定の人物ではなく、高僧の中から作り上げられた架空の人物だったのか。わずかに残された史料さえも真実かどうか定かでないいま、勝道上人は１２００年のときを経てもなお深い謎に包まれたままである。

神橋の架け替えはなぜ密かに行われたか

日光の二社一寺にはほかにも特筆すべき、あるいは不思議な建造物が多数存在する。その1つが、二荒山神社入口の神橋である。橋の長さは28メートル、幅7メートル、橋桁は黒、そのほかは朱塗りで神聖な雰囲気を醸し出している。

当初は丸木の橋を架けていたが、８０８年に国司である橘利遠《たちばなとしどう》が架け替えた。この架け方は非常に特殊な工法を用いており、川の右岸の岸壁にあいていた自然の穴に乳の木《ちき》と呼ばれる橋桁を差し込んだのである。そして補強材で支えるというはね橋形式がとられていた。

これが意外と都合よく、その後16年ごとに橋を架け替える作業が明治時代まで、なんと1000年近くも続けられたのである。

架け替え作業の中でも、とくに橋桁を差し込む作業は神事として深夜に灯火を消して行ったという。この差し込む作業は秘伝とされ、この方法を思いついた大工棟梁、沼尾長兵衛の子孫が代々この作業にあたっていたという。

また、二荒山神社の本殿を囲む透塀《すきべい》の外側に立つ灯籠。これは1292年に奉納された高さ2メートル強の灯籠だが、灯籠の中台をはじめあちらこちらに刀で斬りつけた無数の跡がある。実はこの灯籠、化け灯籠と呼ばれているのだ。その昔、この灯籠に火をつけると化け物のようなあやしげな影が映し出されたという。そこで、社を守っていた士《し》がやみくもに斬りつけたというのだ。

田心姫尊を祀る二荒山神社の別宮、滝尾《たきのお》神社は女性のための神社である。縁結びの笹、子種石《こだねいし》などが配され、こうした史跡は誕生してから人、とくに女性がたどる一生の道のりを説明しているという。縁結びの笹は、篠竹の葉を男女が片手の親指と小指だけでうまく結ぶと縁があるといわれている。

ちなみに、二荒山神社本社西神苑にも縁結びの笹があるが、こちらは親指と小指でうまくおみくじを結べれば良縁に巡り合えると伝えられている。

また滝尾神社の本殿裏には御神木《しんぼく》である3本の親子杉が立っているが、これは2

代目である。昔から倒れた神木はそのままにして次の杉を植えた。そのため初代の神木はいまでも腐って横たわっている。

この神木にまつわる話が『滝尾大権現託記』に記されているという。

1667年、比叡山の鶏頭院山舜の下僕が滝尾に同道したとき、琵琶湖畔の唐崎の松と比較して小さいとあざ笑った。すると彼を悪寒が襲い、苦しみもだえること5日間、山舜が祈祷したのちようやく回復したという。この話は石にも刻まれ「障三百大荒神之碑」として建てられたが、現在、碑はどこかに埋もれてしまい、どこにあるのか皆目見当もつかないという。

また、輪王寺には紫雲石という石が置かれている。これは、1メートル四方の平らな石で、勝道上人がこの石の上で祈念していると、紫雲が立ち上り四方にたなびくのを見たという。そこで彼はここを青竜《せいりゅう》、朱雀《すざく》、玄武《げんぶ》、白虎《びゃっこ》の四神が守護する霊地とし、四本竜寺を建立したという。輪王寺の祖である四本竜寺の名前はここから来ていたのである。

知れば知るほど謎が生まれる日光、その謎ときはようやくいま、本格化したばかりだ。

第3章

大和朝廷と古代遺跡を結ぶ点と線

古都奈良の文化財

文化遺産 1998年

日本が国家として歩み始めた舞台、奈良。そこでは天皇を中心とする権力体制が確立されると同時に、大陸や朝鮮半島からもたらされた文化が華やかに開花した。いわば古都・奈良は、日本文化の故郷ともいえる。当時の様子は乏しい史料と遺物にしか残されていないが、それだけに奈良は歴史の謎に満ちている。遺跡や寺院、仏像が秘めた謎は、解明が始まったばかりだ。

●JR関西本線・近鉄奈良線〈奈良駅〉を拠点に、各社寺へは路線バス、近鉄奈良線、JR奈良線、近鉄橿原線を利用

繰り返される遷都と藤原京の謎

現在「大和」というと、奈良県全域に相当する地方を指す。その語源は山の麓、つまり「やまもと」が転訛《てんか》して「やまと」になったらしい。

かつてこの地域に関西地方一帯の首長連合が生まれ、のちに大和政権、あるいは大和朝廷と呼ばれるようになった。その起源は邪馬台国《やまたいこく》の解釈によって変わってくるが、遅くとも4世紀には畿内最大の政治勢力として地位を確立していたと見られる。この集団が6世紀から8世紀にかけて天皇を頂点とする律令国家に変貌し、天皇制の原型となるのは周知のとおりだ。

こうした経緯から、日本の別称として大和が用いられる場合もある。かつての理想的美女を指して、大和撫子《やまとなでしこ》と呼ぶのはその一例だ。一方「日本」という国名は7世紀中ごろに作られたとされているが、当時はまだ「やまと」あるいは「ひのもと」などと読んでいた。これが音読みで「にっぽん」として普及するのは、奈良時代から平安時代にかけてのことだといわれている。

日本で最初の律令国家を育んだ大和＝奈良。それだけにこの地は、多くの遺跡が残されていることでも有名だ。しかし当時の様子を伝える文献は乏しく、年代や目的、作られた経緯などがはっきりしない遺物も少なくない。言い換えれば、それだけ大和政権の実態はいまなお謎に包まれている点が多いのだ。

明日香村にある酒船石《さかふねいし》も、そうした謎の1つだった。長さ5メートル、幅2メートル、厚さ1メートルのこの石は、表面に何かの図形のような溝が彫られている。古代の酒醸造に用いられたというのが従来の通説だったが、真相が曖昧なためさまざまな憶測を呼んできた。

ところが1999年、約75メートル離れたところで見つかった1つの石が酒船石の謎を解くことになる。亀を象《かたど》ったその石に刻まれた溝と酒船石の溝の方向が、一直線に結ばれていたのだ。そして韓国の古都・慶州《キョンジュ》にも似たデザインの亀の石があることなどから、これらの遺跡の目的がついに判明した。2つの石はそれぞれ、同じ庭園に設けられた導水装置の一部だったのである。また一連の発見によって、遺跡が作られたのは7世紀中ごろ、造営を命じたのは数々の土木事業を行ったことで知られる女帝・斉明《さいめい》天皇だったことも明らかとなった。

斉明天皇がこうした土木事業に熱心だったのは、海外に日本の威信を知らしめる意図があったともいわれる。当時の朝鮮半島は、高句麗《こうくり》、百済《くだら》、新羅《しらぎ》が覇権を争う三国時代。その中で、日本が仏教などを通じて親密な関係にあったのは百済だった。ところが新羅が唐《とう》と手を結んで百済を攻撃しはじめたため、日本は663年に百済へ援軍を送る。これがいわゆる白村江《はくすきのえ》の戦いだ。

しかし百済と日本は惨敗し、百済は滅亡。その結果、今度は日本にとって唐と新羅が直接の脅威となり始めた。そこで斉明天皇は技術力をアピールすることで、両国を牽制しようとしたわけだ。しかし斉明天皇の懸念は杞憂に終わり、半島と日本は1592年の豊臣秀吉《とよとみひでよし》による朝鮮出兵まで戦火を交えることはなかった。

この経緯を見ると、飛鳥時代の日本がいかに中国大陸や朝鮮半島と関係を深めていたかよくわかる。むしろ白村江のように緊張が高まった例は稀で、朝廷は当時の先進国である東アジアから貪欲に文化や技術を吸収していた。こうして奈良は、日本で最初の一大文化都市として発展していくのだ。

奈良で最初に築かれた都、つまり日本初の本格的都城は藤原京《ふじわらきょう》である。場所は、現在の奈良市街から南へおよそ20キロメートル下ったあたり。678年に造営が開始され、16年にわたる工事を経て694年に遷都が行われた。

都の配置には、唐の長安が模範とされたといわれる。広大な宮殿から伸びる幅

24・5メートルの朱雀大路《すざくおおじ》を中心として、碁盤目のように区画されていたという。従来の説によると、その規模は南北3・2キロメートル、東西2・1キロメートル。近年にはまた、もっと広範囲だったとする「大藤原京説」も持ち上がっている。

ところが藤原京が都だった期間は、その造営に要したのと同じ16年間にすぎない。短期間で都を平安京へ譲った長岡京と同じく、藤原京も短命に終わっている。現代でも大事業に違いない都の建設を、こうも頻繁に繰り返したのはなぜなのだろうか。

その理由については、地形的に天皇が君臨する大極殿《だいごくでん》が臣下の建物より低い、あるいは交通や経済の発展に支障があったという説などがある。しかし最大の要因と見られているのは、政治的な理由からだったのではないかとする説だ。

そのきっかけは、701年に完成した大宝律令《たいほうりつりょう》。律令とは、古代中央集権国家が定めた基本法のことだ。選定にあたったのは大化改新《たいかのかいしん》に貢献した中臣鎌足（後の藤原鎌足）の息子、藤原不比等《ふひと》である。

日本で最初に国家の法律となった大宝律令には、行政組織や官僚制度に関する決まりが詳細に定められていた。しかしすでに完成していた藤原京では、そうした制度を実現するうえで機能的に問題があったらしい。そこで不比等は、自らの新しい法律を実施するための都市を求めたといわれている。

不比等は天皇家と姻戚関係を結んで、のちの藤原氏繁栄の基礎を築いた人物。当時すでに朝廷に対して大きな発言力を持っており、ときの女帝・元明《げんめい》天皇に遷都を決意させるのも容易だったに違いない。こうして708年、平城遷都の詔が発せられることになるのである。

宗教都市、平城京の完成

近鉄奈良線を西大寺《さいだいじ》駅で降りて東に向かうと、広々とした野原に行き着く。奈良市民の憩いの場でもあるここが、奈良でもっとも栄えた都の中枢、平城宮の跡地だ。1962年に国の史跡となってから本格的な発掘が続けられ、遺構の復元も行われている。とくに世界遺産への登録が決まった1998年、高さ22メートルの朱雀門が復元されたのは記憶に新しい。

この平城宮を北端とし、南に広がる形で作られた巨大な都城が平城京である。南北4・8キロメートル、東西5・9キロメートルという巨大な都を作るため、まず大がかりな土地の造成が行われた。予定地の一角に90戸ほどの民家があったようだが、住民に布や穀物を与えて立ち退かせたことが『続日本紀《しょくにほんぎ》』(続紀)に記されている。現代も見られる徴発と構図は同じだが、すでに対価らしきものを与えていた点は意外ともいえるだろう。

しかし相手が死人となると話は面倒だ。というのも平城京が作られる以前、この地には大小の墳墓がいくつも設けられていたのである。したがって都を作るには、まず墳墓を崩して地面を平らにしなくてはいけない。

現代でも憚られるような事業だが、元明天皇は躊躇《ちゅうちょ》しなかった。「古墳を暴いたあとは丁重に葬り、地に酒をそそいで霊を慰めよ」という勅《ちょく》を発して、工事を進めさせている。

当時は現代よりはるかに死者を恐れたはずだが、朝廷は目的のために手段を選ばない一面も持っていたらしい。それどころか、中には墳墓から持ち出した石を自分の邸宅に利用する貴族までいたそうだ。こうして破壊された墳墓には、全長200メートルを超える巨大な前方後円墳も含まれていたと考えられている。

現代のような重機がなかった当時、それらの作業はすべて人の手で行うしかない。平城京造営には諸国から大勢の人々が駆り集められ、その数は延べ100万人にも達したという。天皇が住む宮城の土地造成だけに限っても、工事期間2年とした場合で1日あたり数千人が動員されたという試算もある。また労働環境は苛酷をきわめたらしく、労働者の逃亡は日常茶飯事だった。

遷都の詔《みことのり》が発せられた2年後の710年、元明天皇は平城京に移る。もちろん都はまだ大部分が未完成であり、大工事が続けられる中での遷都である。

しかし都は順調に発展を遂げ、最盛期には20万人前後もの人口を擁するまでになった。住民の内訳は、まず一握りの皇族、貴族、官僚、役人とその家族。そして彼らの1家族が100人から300人は有したとされる使用人たちだ。

当然のことながら皇族や貴族たちの暮らしは、現代のわれわれも羨むほど豪勢なものだった。たとえば天武《てんむ》天皇の孫にあたる左大臣・長屋王《ながやおう》の屋敷は、甲子園球場の4倍もの面積を有したという。敷地内には孔雀が放され、夏でも氷が楽しめる氷室まで設《しつら》えられていたそうだ。

しかしこうした皇族や貴族関係者とは異なる一群も、平城京で暮らしていた。それは寺院関係者だ。当時、平城京に作られた寺院の数は48カ寺に上る。さらに各寺院に従事する人口は、現在と比較にならないほど多かったらしい。たとえば飛鳥から移転された大安寺《だいあんじ》には、約500人の僧侶を筆頭に計2000人近くが出入りしていたという。つまり平城京は政治の中枢であると同時に、夥しい数の寺院と僧侶がひしめき合う宗教都市でもあったのだ。

興福寺の阿修羅像に刻まれた呪いの跡

インドで仏教が生まれたのは、紀元前5世紀のこと。その後2世紀になって、シルクロードを介して中国へ伝えられた。次いで朝鮮半島への伝播《でんぱ》が3世紀。そして6世紀半ば、百済の聖明王《ソンミョンワン》を通じてようやく日本へたどり着く。

もっとも日本の為政者たちは、仏教をすんなり受け入れたわけではない。聖明王から仏像と経論《きょうろん》を贈られた欽明《きんめい》天皇は、この新しい神をどうしたものかと考えあぐねたそうだ。やがて朝廷では、崇仏派の蘇我氏と排仏派の物部《もののべ》氏が対立を開始。仏像礼拝の是非を巡る論議が、権力闘争に発展した。

しかし最後は蘇我氏が排仏派を武力で攻め滅ぼし、対立は崇仏派の勝利に終わる。こうして女帝・推古《すいこ》天皇と摂政・聖徳太子という新政権が誕生、594年に仏教興隆の詔が発せられた。聖明王から仏教が伝えられてから約半世紀、ついに仏教は日本の国家宗教となったのである。

阿修羅像が祀られている興福寺。

その後、仏教は順調に発展を遂げて寺院の数を増やしていく。そして平城京が作られると、この新しい都へ寺院が次々と移築されたのだった。そうした寺院の代表的な存在とされているのが、世界遺産にも登録された興福寺《こうふくじ》だ。

興福寺のルーツは、藤原鎌足の妻が藤原氏の氏寺として建てさせた山階寺《やましなでら》である。当時はのちに平城京となる地の北に位置していたが、7世紀後半に藤原京へ移されると同時に厩坂寺《うまさかでら》と名を変えた。さらに平城遷都の際、藤原不比等により平城京の東に移されて現在に至っている。

興福寺は藤原氏の台頭に伴って官寺となり、伽藍《がらん》が整えられていく。平安時代には多くの荘園を有して、権勢を振るうまでになった。ところが1180年、興福寺は不幸に見舞われる。平重衡《たいらのしげひら》の南都焼き討ちによって、一宇《いちう》も残さず煤燼《ばいじん》に帰してしまったのだ。

その後まもなく再建された興福寺は、再び勢力を取り戻した。一時は武士をしたがえて、大和一国を支配するようになる。しかし1411年、落雷による火災で再び焼失。またすぐに再建されたものの、16世紀後半から織田信長《おだのぶなが》の奈良入りを契機として徐々に衰退の道をたどった。

そんな興福寺が存亡の危機を迎えるのは19世紀、明治維新のときである。明治政府は国内の信仰を神道に一本化することで、天皇の権威の下に国民を支配しようとした。この皇民化政策の先駆けとして実施された廃仏毀釈《はいぶつきしゃく》により、興福寺は政府から廃寺を言い渡されるのだ。さらに驚くべきことに、廃寺のため寺のシンボルともいえる五重塔が25円または50円で売りに出される始末だった。これは当時の価値でいうとちなみに１８８０年の米価が1升で6銭という記録があり、ここから換算すると当時の25円は現在の3万円くらいに相当する。

興福寺の五重塔といえば高さ50メートル、京都の東寺の五重塔に次ぎ日本第２の規模を誇る壮麗な建築だ。由来は古く、不比等の娘・光明《こうみょう》皇后の発願で建てられたものである。当時の塔は１１８０年に焼失しているが、１４２６年の再建から現代まで生き延びた希有な文化財であることに変わりはない。幸い１８８１年に内務省が寺の再興を認めたため、興福寺の歴史は辛うじて保たれた。五重塔もいまでは国宝として手厚く保存されている。

現在、興福寺を訪れる観光客は多い。そのお目あては、奈良時代から幾多の火災や戦乱を生き延びてきた仏像群だ。中でもとりわけ人気が高いのは八部衆立像《はちぶしゅう》の１つ、阿修羅《あしゅら》像である。

八部衆立像は、不比等の妻・橘三千代を弔《とむら》うために作られたというのが定説だ。

制作年代は733年、作者は仏師将軍万福《まんぷく》の名が残されている。用いられた技法は、脱活乾漆《だっかつかんしつ》造り。粘土と木で作った芯の上から、木屑《きくず》と漆《うるし》を混ぜた材料で塑造《そぞう》するというものだ。

八部衆というのは本来古代インドの異教の神々だが、仏教に帰依《きえ》して釈迦《しゃか》の守護神になった。守護神というイメージに違わず、興福寺の八部衆はいずれも勇壮な表情を特徴としている。ところがもっとも猛々しいはずの阿修羅像だけが、なぜかきわめて穏やかな表情に作られているのだ。

そもそも阿修羅は戦いを好み、3つの顔と3組の腕を持つ異形の魔神である。しかし興福寺の阿修羅像に、そうした恐ろしいイメージはない。顔と手が余分にあることを除けば、興福寺の阿修羅は一見したところ薄物をまとった美少年だ。とくに正面の顔にだけ注目すると、現代風の美少女といった面影すらある。つまり現代人の目から見て、興福寺の阿修羅像は非常に魅力的なのだ。

阿修羅像が魅力的なのは、どうやらモデルとなった人種のせいらしい。仏像と聞いて多くの人がイメージするのは、広隆寺《こうりゅうじ》の弥勒菩薩《みろくぼさつ》像のように面長で細目の顔立ちだろう。こうした仏像の類型は、朝鮮半島からやってきた渡来人がルーツだとされる。これに対して丸顔でつぶらな瞳の阿修羅像は、縄文時代から日本列島に暮らした在来人の顔つきだ。

現代の日本人は両者が入り混じっている。しかしシャープな印象の渡来系に対して、丸まっこくて親しみやすい在来系のほうが愛らしく見える傾向は、よく指摘されることだ。したがって現代人が興福寺の阿修羅像にことさら惹かれるのも、無理のないことといえるだろう。

それにしても、仏師将軍万福はなぜ魔神・阿修羅に在来系の穏やかな表情を与えたのだろうか。彼の真意は明らかでないが、ある程度の想像は可能だ。

当時の平城京では、皇族たちが豪奢《ごうしゃ》な暮らしを楽しむ一方で、熾烈な権力争いや天災が相次いで起こっていた。そのため世の中は乱れ、庶民はいっそう仏に救いを求めたという。そこで仏師将軍万福は、意図的に阿修羅を選んで仏の心を伝えようとした。つまりもっとも荒々しい魔神でさえ、仏に帰依すればこのように穏やかな顔になれるというわけだ。

もっともこうした説も、あくまで現代人の推測にすぎない。というのも阿修羅像は、常に愛されてばかりいたわけではないからだ。近年行われたレントゲン調査の結果では、思いがけない事実が判明している。6本ある腕のうち、上に掲げた2本の肘に無数の針が打ち込まれていたことがわかったのだ。しかもそれらは、制作や修復を目的としたものではなかった。おそらく何者かが、阿修羅像に呪いをかけようとして釘を打ち込んだのではないだろうか。

1200年以上にわたって、人々の愛情と憎しみを一身に引き受けてきた阿修羅像。その穏やかな表情が何を物語るのかという謎は、現代人には永久に解くことができないのかもしれない。

聖武天皇が大仏建立を決意した真意

興福寺をはじめとする名刹《めいさつ》が、次々と移築された平城京。しかし同時に、新たな寺の建立も盛んに行われている。奈良のシンボルとして名声を轟かせる東大寺《とうだいじ》とその大仏《だいぶつ》も、このころに作られたものだ。

奈良の大仏は正しくは「毘盧舎那仏《びるしゃなぶつ》座像」と呼ばれる。その高さは14・8メートル、重さ452トン。ちなみにこの大仏が歩いて大阪から東京まで出かけたとすると、7時間で着いてしまうそうだ。

庶民にこんな不謹慎な計算を禁じ得ないほど、奈良の大仏は大きい。それだけに

奈良のシンボルとして名高い東大寺。

この大仏を見上げた人の多くは、同じ疑問を心に抱く。

「なぜここまで大きな仏像を作ったのだろうか」

大仏建立の詔が発せられたのは743年のこと。詔の主は聖武天皇《しょうむてんのう》である。彼が大仏建立を思い立ったのは、当時の世相が背景にあったとするのが定説だ。

平城遷都から約40年後、都は暗い影に包まれていた。仏教文化が花開く一方で、旱魃《かんばつ》、台風、地震といった災害が相次いでいたのだ。また九州で発生した天然痘が平城京にも広まり、737年には藤原氏の要人たちも次々と病に倒れた。さらに九州の太宰府《だざいふ》では、皇后の甥・藤原広嗣《ひろつぐ》による反乱が勃発。社会はこのうえなく乱れ、都には人心を惑わす流説があとを絶たなかったという。

こうした事態に対して、聖武天皇は仏の力よりほかに頼るものがなかった。そこで彼は仏教を広めるための詔を発布、さらに741年には全国に官寺である国分寺《こくぶんじ》を作らせた。しかし聖武天皇はこれでも満足せず、ついに大仏建立を決意する。

聖武天皇がそのとき思い浮かべたのは、740年に河内の知識寺《ちしきじ》で見た1体の盧舎那仏像だった。盧舎那仏つまり毘盧舎那仏は、「輝く者」を意味する。釈迦の没後もその教えは宇宙を照らし続けるという考えから、釈迦を太陽にたとえたものだ。

知識寺の盧舎那仏に魅せられた聖武天皇は、次のように考えたという。

「宇宙をあまねく照らすほどの仏を作るのだから、可能な限り大きくするべきだ」
そのため当時のあらゆる技術を投入して大きな毘盧舎那仏を作ることを決意した。
こうして聖武天皇に大仏建立のプランができ上がったのである。

もっともこの決意に至るまでの聖武天皇の行動には、不可解な点もある。聖武天皇は突然「思うところあり」といい、740年に家族や文武官らをしたがえ平城宮を出ていってしまうのだ。そのころすでに藤原広嗣の乱は鎮圧されており、どうも政情不安から都を脱出したというのではないらしい。しかし彼は山一つ隔てた木津川近くの恭仁《くに》京を皮切りとして、転々と宮を移しながら5年間を過ごす。河内の盧舎那仏像と出会ったのも、そうした彷徨《ほうこう》の途中でのことだ。

聖武天皇が平城京を飛び出した真意について、はっきりしたことはわからない。しかし、彼が置かれていた困難な状況に原因を求める向きもある。聖武天皇は生後すぐに、藤原不比等の邸宅に預けられた。そこでともに育ったとされるのが、のちに皇后となる不比等の娘・安宿媛《あすかべひめ》だ。これでは完全に妻の実家に尻尾を掴まれたようなもの、しかも相手は朝廷の実力者・藤原氏である。妻の背後に見え隠れする藤原氏の威光に、聖武天皇はいつも気を配らなくてはいけなかったに違いない。しかも朝廷では逆に、反藤原氏勢力の突き上げを食らうこともあったろう。その結果、聖武天皇はこうした気苦労にたまりかねて、ついに都を飛び出してしまったのではないかというわけだ。

さらに、実は大仏建立を思いついたのも聖武天皇ではなく、妻の光明皇后ではないかとする説まである。光明皇后は、病人や孤児に対して慈善事業を行ったことでも知られている。もちろん仏への信仰から行ったものだが、彼女のこうした行動の陰にいるのが玄昉《げんぼう》だ。玄昉は遣唐使とともに唐へわたり、玄宗《げんそう》皇帝からもっとも名誉の高い紫の袈裟《けさ》を授かったという高僧。光明皇后はもちろん、聖武天皇も彼を手厚く敬っていた。ところが彼にはよくない噂がある。平安末期に書かれた『扶桑略記《ふそうりゃっき》』あるいは『興福寺流記』といった史料によると、玄昉は聖武天皇の母・宮子媛と密通していたという。そればかりか『続紀』には、玄昉は光明皇后とも密通を交わし、その罪で筑紫に流されて生涯を終えたことをうかがわせる記述があるのだ。

一方、聖武天皇が盧舎那仏像に感銘を受けた河内は藤原氏ゆかりの土地。光明皇后はここで幼少の一時を過ごした可能性もある。となると、河内の盧舎那仏像をヒントに巨大な毘盧舎那仏像を作って宇宙をあまねく照らそうと思い立ったのは、むしろ高僧・玄昉の教えを受けた光明皇后と考えられなくもない。

いずれにせよ真相を知るはずの大仏は、黙したまま鎮座するだけだ。

わらべ歌に残された大仏の不遇の140年

建立当初の大仏はいまより背が高く、高さ約16メートルだった。これはけっして根拠なく決まった数字ではない。当時、大きな寺の本尊とされる仏像は唐尺で一丈六尺という寸法で作られた。メートルに直すと4・8メートルだが、座像なので実際の高さは半分の2・4メートルとなる。華厳経《けごんきょう》の教えでは10は無限を表す数字として尊ばれるので、大仏は一丈六尺の10倍で作られることになった。

ここからがややこしいのだが、当時は大きな仏像の制作に際して異なる基準の尺が用いられていた。通常の仏像は唐尺《とうしゃく》、大仏は周尺《しゅうしゃく》という具合だ。そこで周尺の一丈六尺を10倍すると32メートル。その座像なので、半分の16メートルという数字が割り出されたわけだ。

しかもこの巨大な仏像を銅で作るにあたって、まず行われたのは土地の造成だ。建立の場所に選ばれたのは平城京の東北角の外側、三笠山《みかさやま》の麓である。そこで斜面の土を切り崩し、平らにならす工事が進められた。この土地造成だけで、要した工期は2年。何しろ４００トンを超える重量物を支持するのだから、地盤を頑丈に固める必要があったのだ。そのため大仏が置かれる場所をいったん掘り下げ、玉石、粘土、砂を何層にも突き固めたという。

地盤が完成すると、次は大仏の原型作りである。渡来人技術者・国中連公麻呂《くになかのむらじきみまろ》が作った模型を元に木で骨組みが作られ、上から土を使って大仏が塑像されていった。

大仏の鋳造は、上から8段に区切って下から順に行われたと考えられている。そのプロセスは、次のようなものだ。まず各層をいくつものパートに分け、それぞれ泥に藁《わら》などを混ぜた鋳型を塗りつけて乾燥させる。乾燥した鋳型を1つずつ取り外すと、今度は原型の表面を銅の厚みの分だけ削り取る。そして再び鋳型をすべて被せて、削り取った隙間に銅を流し込むと、中空の鋳物ができ上がるという寸法だ。

鋳型は熱した銅の圧力に耐えられるよう、上から土を盛られた。この盛り土が、次の層に取りかかるときの足場となる。こうして鋳型制作、盛り土、鋳造というステップが、各層ごとに繰り返された。したがって作業が進むにつれ、大仏は下から順に盛り土に埋まっていくことになる。またこの鋳造作業と並行して、大仏殿の建設が進められていたらしい。

作業が始まってから2年後の７４９年、ついに鋳造が終了した。いったん頭の上

当初はいまよりも背が高く16メートルもあった奈良の大仏。

まですっぽり覆った盛り土を崩し、鋳型を取り払って、ようやく大仏が姿を現したのだ。しかし大仏は、まだ完成にはほど遠い状態だ。まず鋳造の不具合による表面のデコボコを取り払わなくてはいけない。さらに大仏の頭部を覆う螺髪《らほつ》は形が複雑なため、鋳造後に一つひとつ取りつけられたという。

大仏の開眼供養会が行われたのは、建立の詔発布から9年後の752年。大仏、大仏殿とも若干の作業を残していたが、供養会は海外から大勢の僧が招かれる壮大なものだったと伝えられている。

しかし当時の大仏は現在、蓮華座《れんげざ》など一部しか残っていない。1180年と1567年の2度、戦乱によって焼かれてしまったためだ。現在の大仏は1183年と1691年にそれぞれ再建された、上半身と下半身の合作である。世界最大の木造建築である大仏殿もそのたびに再建されたが、1709年の再建で縮小されてしまった。そのため現在では、創建当時より左右が約30メートル短くなっている。

最後の大仏殿再建の以前、大仏は約140年にわたって雨ざらしとなっていた。奈良県では当時の様子を伝えるわらべ歌が、約400年ものあいだ歌い継がれている。「奈良の大仏さん」と呼ばれるこの歌は、大仏に親しみを込めて「奈良の大仏さんは天日に焼けて、アリヤドンドンドン」と歌っている。

第4章
奇跡の名城を彩る謎の断片

姫路城

文化遺産 1993年

白鷺が舞うがごとく、その雄姿をいまに留めた戦国の名城・姫路城。日本でも数少ない不戦不焼の城には、長い歴史の中に数々の謎めいたエピソードが秘められている。中でも姫路城が賛辞される一番の要因ともなっている天守閣には、さまざまな人間模様が見え隠れする。その城のシンボルともいえる天守閣に隠された事実とは何か。日本が誇る名城の謎の痕跡に迫る。

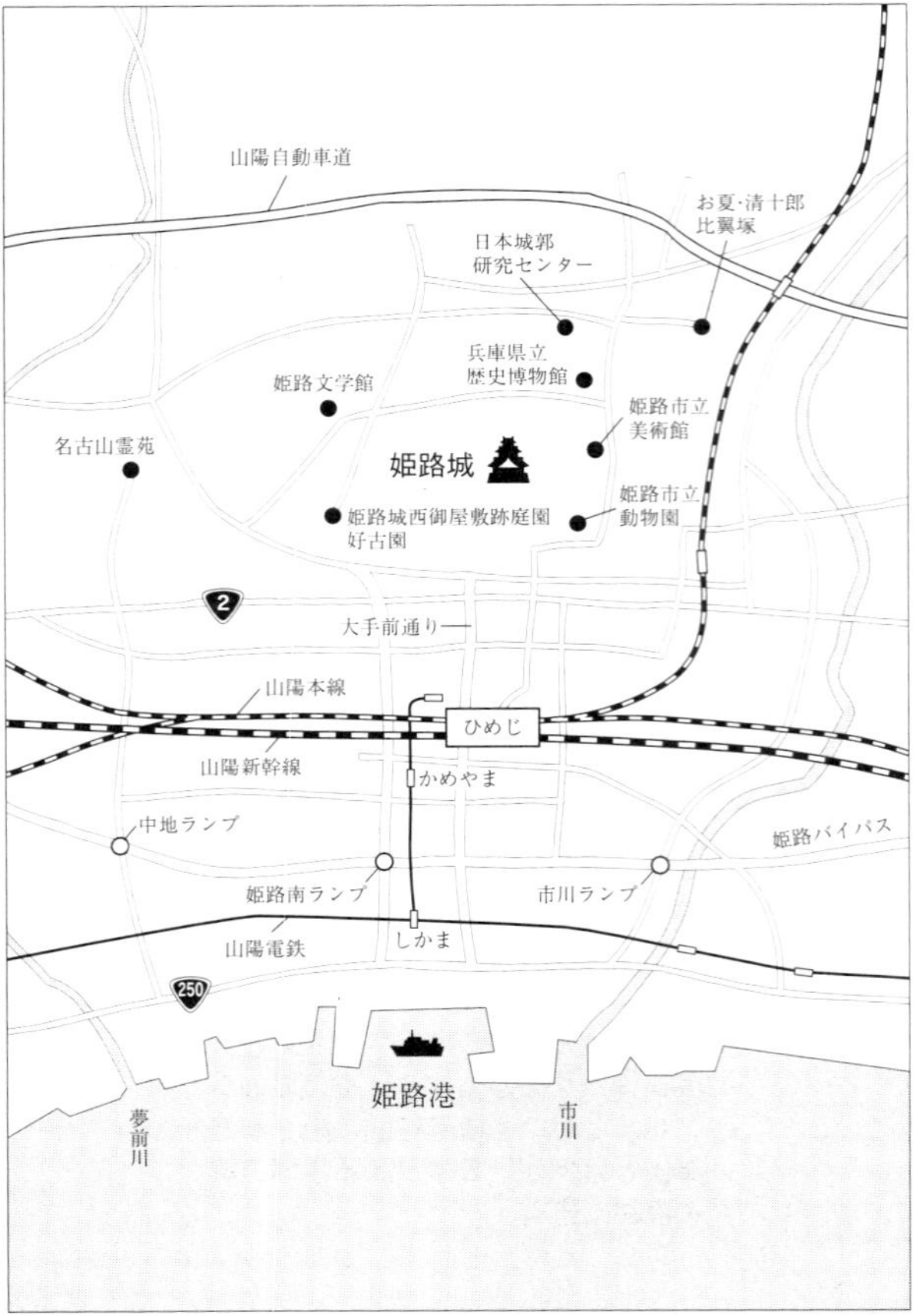

●JR山陽新幹線・山陽本線＜姫路駅＞下車　徒歩15分

不戦不焼の奇跡の城誕生の秘密

日本の城というのは、本来「戦に備えて完全武装を施した建築物」というのが定説である。その認識が頭にないわけではけっしてないのだが、この城に限っては、まずは美しいと思ってしまうのが多くの人の第一印象ではないだろうか。

兵庫県姫路市、播磨《はりま》平野の中心部の小高い丘にそびえ立つ姫路城は、約650年あまりの歴史を持つ戦国の名城である。《白鷺城《はくろ》》の異名をとる由来となった白漆《しろしっ》喰総塗籠造《くいそうぬりごめづく》りと呼ばれる真っ白な外壁や、三重に巻かれた螺旋形縄張《らせんけいなわばり》（城の区画構成の意）が最たる特徴で、完成度、保存度ともに国内では1級といわれている。

城の周りには、美しい日本庭園、文学館、美術館などが整備され、みごとな景観を作り出している。そして特筆すべきは城は木だけを使用した純木造建築で、修理にも昔の手法が用いられており、金具は1本も使用されていないということである。世界遺産登録の際には、ユネスコから学者が現地調査にやってきたが、これらの理由により、迷うことなく登録を決めたという。だが、綺麗な花にはトゲがあるとはよくいったもので、姫路城はその美しさとは裏腹に、本来の使命である戦への武装も万全であったといえる。

たとえば螺旋《らせん》形の縄張1つとっても、敵を簡単に城内へ踏み込ませない複雑性を持ちあわせている。仮に敵が入城したとしても、攻め進んでいるはずが気がつけばいつの間にか天守閣から遠のいていているといった具合だ。そんな迷路が城内の至るところに仕掛けられているのである。

そのせいか、姫路城は長い歴史の中で1度たりとも戦に敗れたことはない。また、のちの天災などでも1度も火事に見舞われた事実がないことから、「不戦不焼の城」ともいわれている。

そもそも姫路城が築城されたのは1333年（元弘《げんこう》3年）のことで、播磨の豪族だった赤松則村《あかまつのりむら》が、戦の本拠地に当時日女道丘《ひめじがおか》と呼ばれていた姫山《ひめやま》を選んだことに始まる。それから何十年何百年のあいだ、城主は次々と変わっていくこととなるが、姫路城が現在のような姿になったのは、築城から約250年も経ってからのことだった。

1577年（天正《てんしょう》5年）、京都では織田信長《おだのぶなが》が日に日に勢力を増していた。信長の命を受け、敵対していた毛利氏攻略に立ち向かったのが羽柴秀吉《はしばひでよし》、すなわち豊臣《とよとみ》秀

内部は6階になっている大天守閣と3つの小天守閣を持つ姫路城。

吉である。

当時、姫路城の城主は前城主の家老の子であった黒田孝高《くろだよしたか》であったが、孝高は秀吉に味方し姫路城へと迎え入れたのである。その後、かの天下統一を図り大坂城へと移るまでのあいだ、秀吉は姫路城を本拠とした。孝高から城を譲り受けた形となった秀吉は、毛利氏との戦いに備え、天守や城郭などを本格的なものに作り変えた。その際、作られたのが3層の天守、すなわち現在の姫路城の母体なのである。

建築に関わった人物の謎の死

姫路城を語るうえで忘れてはならないのが、城のシンボルともいえる天守閣である。

姫路城は「連立式」と呼ばれる天守に分類されており、外観5層内部6階の大天守を中心に、渡廊《わたりろう》で3つの小天守を結んでいる。つまり、大天守は表からは5階層に見えるが、中は6階建てになっており、さらに穴蔵《あなぐら》（地階）も建築されている。したがって正確には「外観5層内部6階穴蔵1階計7階」となるわけである。

専門的なことはさておき、天守はその名のとおり城主が居住する、いわば奥の間である。先の豊臣秀吉の例を1つとっても、姫路城の城主は目まぐるしく変わっており、池田輝政《いけだてるまさ》、本多忠刻《ほんだただとき》など、その数は城が機能していた530年のあいだ、13氏43代にもおよんでいる。

実は、そんな歴史の証人ともいえる天守閣には、多くの秘められたエピソードが詰めこまれている。中でももっとも代表的なのが、大工・桜井源兵衛《さくらいげんべい》の話だ。

1601年（慶長《けいちょう》6年）、当時城主だった池田輝政は秀吉の作った3層の天守に上り、ある壮大な計画を練っていた。それは、天守を5層6階地下1階の7階建てにすること。赤松氏の築城から255年、秀吉の築城から20年後のことであった。

そこで白羽の矢がたったのが、姫山の近隣に住む大工の棟梁、桜井源兵衛であった。当時としては、築城技術の限界の域とも考えられていた5層天守の建築。池田輝政はこの大役を源兵衛に託したのである。

それこそ源兵衛は技術の粋を集め、城の建築に取りかかった。天守閣はもちろん、城郭そのものの改築も併せて行われたため、膨大な石、木材、そして何十万人という工人が駆り出され、8年後の1609年、新生・姫路城が完成したのである。

完成した天守閣を満足げに見上げる源兵衛だったが、しばらくして異変に気がついた。心なしか天守全体が東方向に傾いていたのである。錯覚か霞目か、目をこすりもう1度見上げるが結果は同じだった。念のため妻を呼びたしかめさせるが、やはり「傾いている」という。

すでに屋根は葺《ふ》き、漆喰壁《しっくいへき》で塗り固めた天守閣。ここまできてしまっては、直しようもない。棟梁としての責任か、やり切れない思いを打ち消すためか、源兵衛はノミを口にくわえ、天守閣から飛び降り自殺したのだという。

この秘話には諸説あり、天守閣が傾いたのはもっとあとのことだとか、自殺したのは秀吉が築城したときの棟梁だとか、さまざまであるが、天守閣が2尺（約60センチ）傾いたことだけは事実で、その原因は土盛り、すなわち地盤沈下にあったらしい。また、源兵衛に関しても、自殺ではなく他の大工たちとともに生き埋めにされたのではないかという別説がある。

なぜなら、迷路や騙《だま》し門《もん》など、城の仕掛けについては、大工だけが知っていることである。いわば城の機密を握っている最重要人物となるわけで、こうした大工の抹殺は当時けっして珍しいことではなかったのである。

いずれにせよ、天守閣には源兵衛の怨霊が現れるという伝説が残っている。話のてん末だけでは、古城によくある怪談話に聞こえてしまうかもしれないが、いまに続く源兵衛の多大な功績を思えば、見過ごせない気もするのである。

天守閣への道程を拒む巧妙なカラクリ

姫路城には、ほかにも伝説が存在する。「天守閣に妖怪が現れるという噂を聞き、宮本武蔵《みやもとむさし》がやってきて退治した」とか「天守閣に夜な夜な女性の影が灯りを点す」など、挙げていけば話はまだまだ出てくる。それらは、いずれも天守閣にまつわる魔物の話だ。

ちなみに、天守閣以外の魔性の話では「お菊《きく》井戸」の話が有名だ。名前を聞いてピンとくる人も多いだろう。あの『1枚〜、2枚〜』と、皿を数える「播州皿屋敷《ばんしゅうさらやしき》伝説」のことだ。浄瑠璃でおなじみの怪談ではあるが、あの話の舞台が実は姫路城の井戸だったという説があるのだ。

ときは室町時代、城主・小寺則職《こでらのりもと》の家老であった青山鉄山《あおやまてつざん》が、主屋の乗っ取りをたくらんだ。だが、そのたくらみは忠臣の妾であったお菊に知られてしまう。お菊は忠臣に密告するが手遅れとなり、鉄山は主屋を横領してしまった。さらに家宝であった皿10枚のうちの1枚を隠し、お菊に罪をなすりつけたうえ殺害、姫路城備前《びぜん》丸《まる》にあった井戸に沈めた。そののち、井戸からはお菊が家宝の皿を数える声が毎夜聞こえたという。

話を天守閣に戻そう。

姫路城がピークを迎えたころ、世はまさに戦国時代。しかも舞台が城の最後の砦・天守閣とあっては、奇怪な噂話が起こるのも無理はない。しかも、それらはみな、大工・源兵衛の事件以降に起きた話である。

つまり、その数々の言い伝えの要因は、天守閣への道程にあるのではないか。

輝政が築城した新しい城の構造は、それまでの姫路城のイメージを覆すものだった。大天守を中心に3つの小天守を配し、この天守閣の南側には本丸（備前丸）、そして、その外側を囲む二の丸などの内曲輪《うちくるわ》には5つの門が築かれている。さらに、このあいだに櫓《やぐら》や門があるのだが、その数は「いろは四十八門」というほど多い。

そこには「埋門《うずめもん》」と呼ばれる「るの門」のように、敵が攻め込んできたら簡単に埋めてしまえる仕掛けの門や、身内でさえも知らされていない《カラクリ》がいくつか存在していた。

たとえば、お菊井戸と帯郭櫓《おびかくやぐら》の下が横穴でつながっていたとか、「ほの門」を入った「ロ」の渡櫓内の井戸からは、城の北の林へ抜けられるなど。そもそも姫路城には33の井戸が作られていたため、それらは何らかの形で抜け穴として機能していたのではないかというのが、学者たちの見解だ。

つまり、ひとたび迷い込んだらそこは迷宮。天守閣への侵入は至難の技で、敵はおろか、味方でさえも容易にたどり着けるような場所ではなかったのである。

結果、天守閣は自軍の陣地にありながらも、まさに天のような存在、裏を返せば極端に隔離された場所だといえる。秘密のベールに包まれた場所には、とかく不気味な言い伝えが生まれるという典型である。

ところで、古来の日本では「風水」が重要視されていたが、実は姫路城の大天守にもそれを裏づける手がかりが見つかっている。風水においてもっとも忌み嫌われるのが、「鬼門」である。鬼門は一般に丑寅《うしとら》、すなわち東北の方角だ。この方角に玄関や井戸などを作ると、邪気が侵入するといわれている。

では、大天守の東北には何があるか。1つは「長壁神社《おさかべ》」の遺跡、もう1つは桃を型どった「桃果文鬼瓦《とうかもんおにがわら》」である。神社は邪気払いの守り神、そして桃は風水発祥の地である中国で、邪気に対抗する力を持つ果物とされていた。

また、大天守を囲む「への門」脇には、不自然に切り込まれた不可思議な階段状の石垣が残っている。この場所も大天守から見て鬼門にあたるため、やはり邪気を払う何かが建っていたのではないかと見られている。

風水で鬼門を封じた例はけっして珍しいことではない。だが、目に見える敵にあれだけのからくりを仕掛けたうえに、目に見えない邪気という敵にまでも、万全の態勢をとっていた姫路城の大天守閣は、それこそ難攻不落の砦だったに違いない。

真に使いこなせた城主は1人も存在しない

姫路城代々にわたる城主の中で、一番の強運の持ち主だったといわれているのが、5層6階の大天守を築城した池田輝政である。もともと織田信長、豊臣秀吉に仕えてきた池田家の次男で、兄が亡きあとは徳川家康《とくがわいえやす》に見込まれて、数々の偉業を成し遂げてきた。もちろん、姫路城築城も家康の後押しがあってのことである。

家康の次女・督姫《とくひめ》と結婚していた輝政は、家康の娘婿でもあったため家康の命を受け西国を取りしきる役割にあったが、実は輝政自身はけっして野心にあふれた武将ではなかったという。だからこそ、用心深い家康の目にとまり、歴史に名を残すことができたのだ。

だが、そんな輝政にも最大の不幸が訪れる。天守閣に魔物が棲むと噂されるさなか、脳溢血で倒れてしまうのである。一時は回復に向かったが再発し、50歳で永眠。1613年（慶長8年）、姫路城完成からたった4年後のことだった。

結局、輝政が作り上げた大天守閣は、自身はわずかな時間しか居留しなかったものの、その後も入れ代わり立ち代わり城主が住まうことになる。

最後に城主となったのは、幕府方の大名・酒井忠邦《さかいただくに》であった。しかし、1869年（明治《めいじ》2年）、廃藩置県《はいはんちけん》となり姫路城の天守閣は、城主不在となったのである。

姫路城は、ときに「女の城」と称されるように、本多忠刻の妻・千姫《せんひめ》の話を筆頭に、離縁や別離など、女性にまつわるエピソードが多い。それに比べ、城の主人である歴代城主の存在感がいま一つ薄いのは、1つに、姫路城が血で血を洗うような合戦の舞台にならなかったこと。そしてもう1つは、城の完成度が高過ぎるあまり、城主自身がかすんでしまったからではないだろうか。

天守閣には数多くの武将が座り、天下統一を夢見ていたわけだが、結局、巧妙にして複雑な姫路城を真に使いこなせた城主は、ただの1人も存在しなかったといわれている。

第5章

海上に浮かぶ
神秘の社の真相

厳島神社

文化遺産 1996年

戦国時代は合戦の舞台にもなり、歴史的にも重要な場所であった宮島。その宮島にある厳島神社の海上に浮かぶ大鳥居や社殿は、平安時代の宗教建築の粋をきわめた絢爛豪華な異空間だ。厳島神社が放つ真の魅力はしかし、建物だけではない。背後にそびえる神体山、人々の厚い信仰心。これらによって厳島神社は、より神秘性を増す。人々はここをこう呼んだ。「神と人間が同居する島」

●JR山陽本線、広島電鉄線<宮島口駅>下車　船10分　宮島桟橋まで徒歩20分
●広島港　船25分　宮島桟橋まで徒歩20分

清盛の栄華とともに発展した神秘と幻想の社

国内には神社は数えきれないほどあるが、厳島《いつくしま》神社ほど幻想性と神秘性を漂わせる神社はない。海の上を舞台で結んだ本殿、潮の満ち干で印象をガラリと変える朱《しゅ》塗《ぬ》りの鳥居、原始林がうっそうと生い茂る弥山《みせん》。まるで竜宮城にきたような錯覚に陥るほど、厳島神社の風景は非日常を思わせる。

陸奥《むつ》の松島《まつしま》、丹後《たんご》の天橋立《あまのはしだて》とならび、日本三景として知られている安芸《あき》の宮島《みやじま》。その中心ともいえるのが厳島神社である。真っ青な瀬戸内海の海と、弥山の緑、そして、朱に彩られた神社は、自然美と人工美がみごとに調和しており、どれか1つ欠けてもその姿は形を変えてしまう。

はじまりは、推古天皇即位元年《すいこてんのうそくいがんねん》（593年）、佐伯鞍職《さえきのくらもと》によると伝えられているが、厳島神社と聞いて、もっともゆかりの深い人物といえば平清盛《たいらのきよもり》である。

清盛は、久安《きゅうあん》2年（1146年）から保元《ほうげん》元年（1156年）の10年間、安芸守《あきのかみ》に任命された。のちには弟の経盛《つねもり》や頼盛《よりもり》も安芸守を務めたことから、平家と厳島神社の関係は密接になり、いつしか厳島を信仰するようになったのである。
現在の社《やしろ》は、代々神主を務めた佐伯家の子孫・佐伯景弘《かげひろ》によるものだが、これも清盛の私財により造営されている。長寛《ちょうかん》2年（１１６４年）には、国宝にも指定されている有名な「平家納経《へいけのうきょう》」を清盛自ら奉納しており、参詣《さんけい》の数も6回におよんだ。また、参詣時の船の便宜をはかったり、瀬戸内海における日宋《にっそう》貿易を推し進めるための海上交通を整備するなど、清盛は厳島の発展に大きく貢献している。

清盛の栄華以降、社殿は数々の修復が行われ、応永《おうえい》14年（１４０７年）には五重塔、嘉吉《かきつ》3年（１４４２年）には大元《おおもと》神社玉殿、大永《だいえい》3年（１５２３年）には多宝《たほう》塔《とう》が建設されるなど、厳島の規模はどんどん大きくなっていった。だが、永禄《えいろく》12年（１５６９年）、備後の豪族・和智《わち》兄弟が毛利元就《もうりもとなり》にそむき社頭《しゃとう》で自殺、社頭が血でけがされたということで、元亀《げんき》2年（１５７１年）、本殿社殿の建て替えが行われている。このとき建てられたものが、ほぼ現在の構成と同じであるという。

数々の歴史と伝統はいまなお受け継がれており、厳島神社では1年を通じて数多くの祭事や神事が行われている。平清盛によって伝えられた舞楽、毛利元就に由来した神能、そして、船が雅楽を奏でながら海一面に王朝絵巻を繰り広げる「管弦祭《かんげんさい》」など。何百年というときを超えてもなお、貴重な伝統芸能は続いているのである。

潮の干満で表情を変える厳島神社。

大鳥居はなぜ海に浮かべられたのか

厳島神社の数ある建築物の中で、もっとも目を引くものといえば、やはり朱塗りの大鳥居だろう。この鳥居は、柱の前後に控柱《ひかえばしら》を立てた四脚《しきゃく》鳥居（両部《りょうぶ》鳥居、枠指《わくざし》鳥居ともいう）と呼ばれるもので、高さ約16メートル、棟の長さ約24メートル、柱の根回りは約10メートルにもおよび、鳥居の中でも大きな部類に入る。

だが、なんといっても特徴的なのは、海の中に鳥居が立っているということだ。本殿拝殿《はいでん》から約２００メートルの洲に位置しており、まさに厳島神社の入口ともいえる場所に鎮座ましましているのである。潮が満ちているときはまるで海に浮かんでいるように見え、潮が引くと近くまで歩いて行くことができる。もちろん、このような大胆な構成の鳥居はほかに類をみない。

では、大鳥居は海中でどのように立っているのだろうか。材質はクスノキの自然木で、上の笠木《かさぎ》と島木《しまぎ》が一体の箱作りとなっており、中には玉石《たまいし》が詰められている。これは、波によって鳥居が倒れないようにする重石の役目で、本柱《ほんばしら》を支える控柱も同様の役割を果たしている。しかし、なぜ、そこまで入念に支えなければならないのか。

実は、この大鳥居は海中の土に埋められているのではなく、自身の重みで立っているのである。潮が引いたときに見ればよくわかるのだが、柱は意外とゴツゴツしており、自然木の質感は鳥居に姿を変えてもそのまま残っている。根元に目をやると、一見海中から木が生えているようにも見える。だが、そのからくりは、海底に木の杭を打ち込み上に石を敷く。鳥居はその上に、ただ置かれているだけなのである。

最初に鳥居が建てられた経緯は定かではないが、清盛が社殿を造営したときには、鳥居も一緒に建て直されており、その歴史はかなり古いといわれている。といっても現在建っている鳥居は、平安時代から数えて8代目で、明治8年（１８７５年）に建立されたものである。

自然木を皮をむいたままの状態で使用しているうえ、海中という立地にあるため、木の朽《く》ち方も早い。したがって、およそ百年周期で交換されるというわけである。

誰がこんな奇抜な大鳥居を考案したのかは、いまだに謎のままだが、この独特な風景が厳島神社の幻想性を大きく助長していることは間違いない。

神に仕える島の見えざる"禁忌"

伊都伎島、伊都岐嶋、伊津岐島、伊津久島、伊春島。これらはすべて厳島を表す文字である。その名のはじまりは、祭神である伊都岐島神《いつきしまみこと》に由来しており、大鳥居に掲げられた額も、表には「厳島神社」、裏には「伊都岐島神社」と書かれている。

古くからこの地は、弥山から霊気を感じた付近の住民たちが「神の島」と崇めていた場所であった。伊都岐島神はもともと宮島に宿る神とされていたが、筑紫《つくし》国の宗像《むなかた》大社にある市杵島姫神《いちきしまひめのかみ》と名が似ていることから同一視されるようになり、やがて、宗像大社の他の二神である田心姫神《たごりひめのかみ》、湍津姫神《ただつひめのかみ》もあわせた三女神を祀ることになったのである。

文字が転々と変わったのは平安時代の話で、いつのころからか厳島に落ち着いた。だが、神を信じる人々のあいだでは「いつくしま」が本来持つ意味は、「斎《いつ》く（神に仕える）島」としているのである。

人々の信仰心は固く守られたものであり、当初、宮島全体は人の出入りのできない禁足地であった。だが、そのうち厳島神社が建築され、神主などが出入りするようになり、室町時代には社家《しゃけ》が常住するようになった。その後は、海上交通の発達などにより町人も足を踏み入れる土地に変わっていったのである。

だが、やはり神聖な場所としての宮島には変わりなく、人々には厳しいしきたりや禁忌《きんき》が強いられるようになる。いったい人々はどのように暮らしていたのだろうか。江戸時代に作られた「厳島服忌令《ぶっきれい》」というのがある。これによると、神聖な宮島では、島を清浄に保つことが何よりも重んじられたそうだ。

とくに、黒不浄《くろふじょう》・赤不浄《あかふじょう》の忌、つまり死骸に触れる忌と、女性のお産や月経に関する忌がもっとも厳しかった。死人はすぐさま対岸へと運ばれ、家族は忌舎《いみや》から一歩も出られなくなる。島に帰ってもすぐには家へ戻れず、あせ山と呼ばれる場所にこもり、喪《も》があけるのを待たねばならなかったのだ。その証拠に、宮島には火葬場も墓もなかったのである。

女性の月経時には行動も制限されている。妊婦も産気づくと対岸へ連れて行かれ、産婦はしばらく島へは戻ることはできなかった。また、一般町民にも「煙を高く上げてはいけない」とか、「農作物を育ててはいけない」など、さまざまな禁制が作られた。

その後、明治時代に入ってからは黒不浄・赤不浄という考え方は改められ「厳島服忌令」は廃止になったが、昔ほどの厳しいしきたりではないまでも、いまでも一部の人々のあいだでは神聖な場所への立ち入りを控えているという。

神体山・弥山で新たに発見されたペトログラフ

このように、周囲の人々がいまなお「神の島」と崇める宮島だが、その核となっているものの正体はいったい何だろうか。それは、厳島神社、いや、宮島そのものの神体山となっている「弥山」である。標高530メートルとけっして高い山ではないが、地元住民にとっての弥山は特別な存在になっており、先の「厳島服忌令」の中には、弥山に関する項目も多かったといわれている。

酒を飲んだり持参しての入山は禁止、また、笠をかぶって登ることも不謹慎とされた。入山時間に関しても掟があり、入るのは早朝、そして昼過ぎには下山をしなければならなかった。さらに、仁王門《におうもん》から上は未《ひつじ》の刻（午後2時）以降は、けっして登ってはならず、これらを破ると必ずたたりがあると恐れられていたのである。

背後にそびえる五重塔。

令がなくなったいまでも、弥山には足を踏み入れることができない聖地が残り、人々の弥山への思いは変わらないようだ。

樹木を伐採することも禁じられていたおかげで、太古の原始林がそのまま残っているため、「弥山原始林」は天然記念物にも指定されている。いまではロープウェイが山頂まで引かれ観光客も気軽に入山できる場所となったが、やはり、本来の神体山としての弥山には数々の不思議が存在する。

海水の干満で中の水の水位が変わるという「干満岩」のような自然現象の不思議から、怪しい拍子木《ひょうしぎ》の音が聞こえるといった超常現象のようなものまで、その数は2つや3つではない。だが、中でももっとも有名な言い伝えは「不思議な松明《たいまつ》」に関する話だろう。

それは、地元では「天狗の松明」とか「弥山の松明」などと呼ばれる不思議な現象の話である。弥山には、ときどき正体不明の火が現れるというのである。

その火は松明よりも赤く、ほとんどは山頂で見られるが、ときには山の中腹あたりでも見られる。松の枝から枝へと飛び火し、その光は葉の形まで映すほどはっきりしており、人々のあいだでは、山霊だと信じられているそうである。

また、「錫杖《しゃくじょう》の梅」という言い伝えも有名だ。もともと弥山は、弘法大師《こうぼうだいし》が修行をしたことでも知られる山なのだが、弘法大師が地面に立てかけた錫杖がそのまま根を張って育ったという梅の木がある。毎年ふつうに花を咲かせるのだが、山中に不吉な兆しがあるときだけは、花を咲かせないという不思議な木なのである。

きわめつけは、山頂のお堂にある「消えずの火」だ。

これは、山頂にある不消霊火堂《ふしょうれいかどう》の聖火なのだが、大同《だいどう》元年（８０６年）に弘法大師が修行の際に焚いた火が、いまだに消えずに燃え続けているというのである。ちなみに、この火にかけられた大茶釜《おおちゃがま》の霊水《れいすい》は万病に効くといわれている。

これらの話は、もちろん真相は定かではないが、ここへきて、目でしかと確認できるミステリーも発見された。山頂へのロープウェイを登ったところに、瀬戸内海を見渡すことができる「獅子岩《ししいわ》展望台」があるのだが、最近になって、この展望台の脇でペトログラフが見つかったのである。

ペトログラフとは石に刻まれた岩文字のことであり、一般には世界最古のシュメール文字よりも古い文字を指すものである。展望台で見つかったペトログラフは、細い線で描かれた三角形や直線で、けっして広範囲にわたるものではない。

宮島には、昔からこうした意味不明の岩文字のようなものが多かったが、自然についたのか、誰かが意図的に描いたのか判別は難しく、その謎は解明されていない。

だが、今回は「意図的に描かれたペトログラフである」という解釈を前提に、一部の学者たちが調査に乗り出すとみられている。

弥山は、神の島・宮島という場所、そしてその神体山であるという事実から、もともとピラミッドとして位置づけられた山だといわれている。山頂には巨岩遺跡ともいうべき奇怪な岩が多く転がっているし、岩陰には正体不明の小さな祠《ほこら》も見られる。まさに、弥山は「謎の古代遺跡」という言葉を使いたくなるような山なのだ。

そのうえ、ペトログラフの発見である。

「神の島」という言葉は、霊気や信仰心など、目に見えない次元での表現だと思いがちだが、こうした事実をつきつけられると、あながちそうともいえない真実味をおびてくる。

厳島神社における戦国武将の武勇伝や建築物の華麗さも、もちろん興味深いが、それらもしょせん「神」の前では、かすんでしまうほどの話なのかもしれない。

厳島神社が神体山と仰ぐ弥山の遺跡の真相。この謎がわかることにより、人々が信じる「神」なるものの正体が解明されるのではないだろうか。そうすれば、おのずと厳島神社の神秘性は裏づけのあるものとなり、われわれに違う魅力を投げかけてくれるに違いない。

第6章

古都京都が歴史に刻んだ幾多の明暗

古都京都の文化財

文化遺産 1994年

日本の代表的歴史建築が軒を連ねる古都・京都。794年の平安遷都から19世紀の明治維新まで、千年を超えて日本の都であり続けた歴史は古い。その間京都を襲った幾多の戦乱や大火、飢饉、疫病といった災いは、世界遺産となった寺社にもそれぞれさまざまな明暗を残した。千年の歴史に刻まれた多くの謎は、いまも古都の史跡に包み隠されたままとなっている。

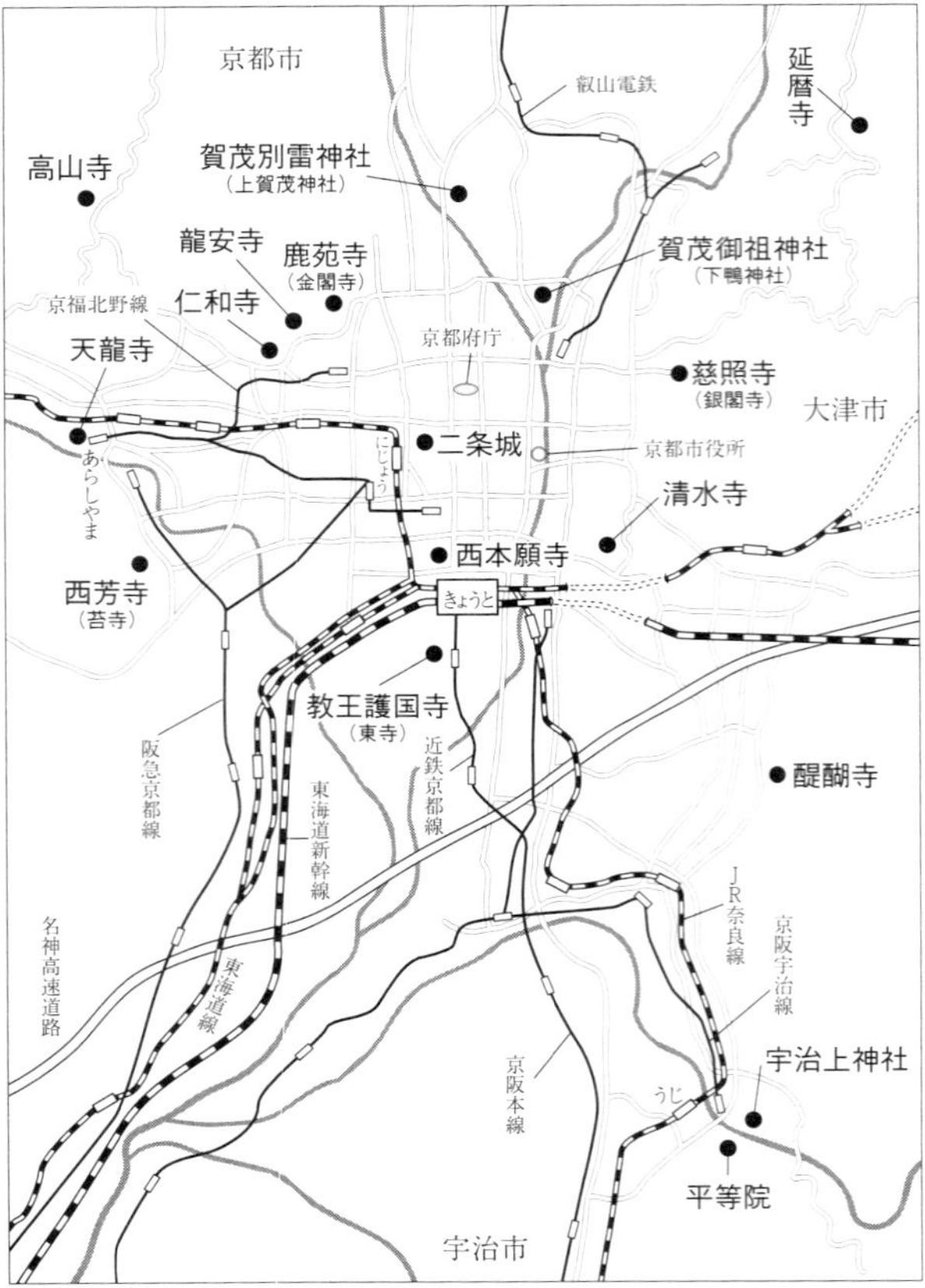

●JR東海道本線〈京都駅〉を拠点に、各社寺・城へは路線バス、近鉄京都線、京福北野線、JR奈良線、京阪宇治線、京阪本線、叡山電鉄を利用

早良皇太子の非業の死と平安遷都の真相

「千年の古都」として、日本の伝統文化を象徴する京都。実際には「鳴くよウグイス平安京《へいあんきょう》」というフレーズのとおり、京都に都が作られたのは794年のことだ。したがって現在では「千年」どころか、1200年あまりの歴史を有することになる。この京都に残されている17の寺社と城が、世界遺産として登録されたのは1994年。奇しくも平安遷都から1200年目にあたる記念すべき年だった。

京都と並んで日本を代表する古都といえば、もちろん奈良。こちらも京都に続いて、1998年に世界遺産となっている。よく知られているとおり歴史は奈良のほうが古く、平城京《へいじょうきょう》に都が作られたのは710年のこと。やがて74年後の784年に長岡京《ながおかきょう》へ都が移され、平安京へと歴史が受け継がれていく。

ところが年号を眺めていると、平城京と平安京をつなぐ長岡京はたった10年しか存続しなかったことがわかる。もちろん都を築くという大事業が10年で完遂されるはずはなく、長岡京は未完のまま平安遷都が行われたらしい。なぜこのように、慌ただしく都の移動が重ねられたのだろうか。

長岡京から平安京へ遷都した理由については、さまざまな説が提唱されている。785年に造長岡宮使・藤原種継《ふじわらのたねつぐ》が暗殺されたことで造営が遅れた、あるいは792年8月に桂川が氾濫を起こしたため遷都を余儀なくされた、などだ。しかしいまのところ、どの説もこれといった決め手がない。

そもそも長岡京の発掘もまだ完了しておらず、その実態についてわかっていないことが多いのだ。しかし当時の人々の価値観に立ってみると、1つの説が説得力を帯びはじめる。それは「祟《たた》り」によって都を移したというものだ。祟りの主は当時の天皇だった桓武《かんむ》天皇の実弟、早良《さわら》皇太子である。

ことの発端は、先に述べた藤原種継の暗殺事件だ。平城京から長岡京への遷都は、現地調査から都を移すまで約半年という短期間のうちに行われた。そのため工事は昼夜を問わず進められたという。種継が暗殺されたのは、夜の工事を視察していたときのこと。暗闇の中から種継を狙って2本の矢が放たれたのだ。

これに対して桓武天皇は、反桓武派と目されていた大友継人《おおとものつぐひと》ら二人を捕らえて処刑。さらに桓武天皇は、実弟である早良皇太子にも疑いをかけて捕えた。桓武天皇が弟を捕らえた背景には、二人の激しい対立があったらしい。

そもそも長岡京への遷都が決まったのも、平城京での政治が不安定に陥ったためとされている。天皇とはいえ、その地位はけっして安定したものではなかったのである。

一方、捕らえられた早良皇太子は身の潔白を主張する。しかし聞き入れられないことがわかると、抗議の印として絶食をはじめた。やがて早良皇太子は淡路島へ流刑されることになったが、配流の途中で絶食による衰弱から世を去る結果となったのである。

早良皇太子の没後、桓武天皇の周囲には不幸が相次いだ。生母をはじめ、皇后や皇妃が次々と亡くなったのだ。さらに早良皇太子のあとを継いで皇太子となった安殿《あて》親王も、重い病に煩わされるようになった。

一連の不幸に早良皇太子の怨念を感じた桓武天皇は、忌まわしい長岡京を捨てて新しい都に移ろうと決意する。こうして長岡京は10年という短期間で歴史を閉じ、現在の京の都が誕生するのだ。

桓武天皇が恐れた早良皇太子の怨念は、現在もその痕跡を京都の街に残している。西明寺山の山腹にひっそりと佇む崇道《すどう》神社は、８００年に早良皇太子の怨念を鎮めるために建てられた神社だ。崇道という名前は、早良皇太子の死後に贈られた崇道天皇という尊号にちなんだものである。

世界遺産として登録された寺社の1つ、教王護国寺《きょうおうごこくじ》こと東寺《とうじ》にも早良皇太子の怨霊に因んだ遺物があるといわれている。金堂に祀られている薬師三尊《やくしさんぞん》について、早良皇太子の怨霊を遮るためのものとする説があるのだ。

東寺といわれても、とっさに姿が頭に浮かばない人も多いかもしれない。しかしそのシンボルともいえる五重塔《ごじゅうのとう》は、実は多くの人が知らず知らずのうちに目にしているはずだ。新幹線で京都駅を通りかかったとき、駅北側の街並みからそびえ立って見える塔がそれである。

東寺の造営が始まったのは平安遷都の2年後、796年のこと。現在の五重塔は日本一の高さで知られるが、そのほかの建物も壮大な規模を誇っている。それだけに東寺の建設は長期間におよび、おもな堂塔が完成したのは900年。着工から実に約100年の歳月を要している。

もっとも急な遷都によって平安京の造営がなかなかはかどらなかったことも、工事が長期におよんだ一因だったようだ。つまり都の造営に精一杯で、東寺の建設にまで手が回らなかったのである。823年に空海《くうかい》が東寺を下賜されて建設を一任されたのも、そうした事情が背景にあるとも考えられる。

木造では日本一の高さを誇る東寺の五重塔。

JR線の北側に京都の中心街が広がっていることからわかるとおり、東寺は平安京の南端、つまり都の入り口に建てられている。あたかも都を守護するようなこの寺に、怨霊を鎮める薬師三尊が祀られているというのもうなづける話だろう。

東寺はまた『源氏物語』をはじめとする平安文学に、高僧が加持祈祷《かじきとう》する舞台としてよく登場する。いわゆる「物の怪」を折伏し、朝廷を守る役割を担っていたらしい。兜跋毘沙門天《とばつびしゃもんてん》立像といった荒々しい表情の寺宝も、この役割を踏まえて祀られていると考えれば納得がいく。

しかし都の入り口を守っていたのは東寺だけではない。ちょうど対をなすように、かつては東寺に対して西寺《さいじ》が建てられていたのだ。ただし残念なことに、西寺はまったく現存していない。現在は西寺公園に、数個の礎石を残すだけである。

現在ではすっかり明暗を分けた東西の寺だが、かつてはことあるごとに対立、競争していたとも伝えられる。その主役を演じたのは東寺の空海、そして西寺の守敏《しゅびん》僧都《そうず》。伝説によるとこの二人は、不思議な法力くらべまで繰り広げたという。その発端となったのは9世紀初頭、京都を襲った厳しい旱魃《かんばつ》だ。

当時の嵯峨《さが》天皇は最初、東寺の空海に雨乞いの祈祷を命じようとした。これに対して空海の先輩格だった守敏僧都は、祈祷の機会を横取りしてしまう。ところが守敏僧都が祈祷したところ、多少の雨は降ったものの大地を潤すにはおよばなかった。そこで空海が改めて降雨祈願の修法に集中すると、みごとに大雨が降り都を救ったということだ。

このことからわかるように、守敏僧都はいつも後輩格の空海に遅れをとっていたらしい。それがよほどたまりかねたのかどうか、守敏僧都が乱心して空海に矢を射かけたというエピソードもある。

ところが矢は空海を守るようにして現れた僧に命中し、空海は難を逃れたそうだ。空海を守った僧の正体は地蔵尊だとされ、以来「矢取《やと》り地蔵」の名で親しまれるようになった。

現在でも九条通りの一角には、矢取り地蔵の像がひっそりと佇んでいる。

金閣寺の艶やかな美が覆い隠す"地獄絵図"

かつて東寺と並んで隆盛を誇った西寺は、９９０年に起きた火災によって大半が焼失してしまう。そののち、やや縮小された形で再建されたものの、再び１２３３

年の火災で大きな被害を蒙った。こうしていつのあいだにか西寺は人々からも忘れ去られ、歴史の中に消えていくのである。

もっとも火災の被害に遭ったのは西寺だけではない。いまは平穏な京都だが、平安遷都から現代に至るまでたび重なる戦乱や大火によって荒廃した時代がある。東寺の五重塔も11世紀、13世紀、16世紀、17世紀の4度にわたって焼失しており、現在の塔は1644年に竣工されたものだ。

現在の京都から、かつてそこが荒廃していた景色を想像するのは難しい。しかし平安時代の荒れ果てた様子なら、ある映画が再現してくれている。それは黒澤明《くろさわあきら》監督の『羅生門』だ。

羅城門《らじょうもん》は、東寺と西寺に挟まれるようにして建てられた都の正面玄関である。本来は海外の使節に平安京の壮大さを見せつけたり、賊軍を成敗した平安王朝の軍が凱旋するといった華々しい役割を演じていたという。

しかし平安遷都間もない819年8月、台風によって早くも倒壊。ほどなくして再建されたが、980年7月に再び暴風雨によって倒壊してしまっている。それ以降なぜか再建されることなく、いまでは1本の石碑を残して跡形もなく消えてしまった。

映画に登場する羅城門は、右半分を何かにもぎ取られたような異様をさらしている。そのモチーフは『今昔物語集』中の「羅城門ノ上層ニ登リテ死人ヲ見ル盗人ノ語」だ。ここで描かれているのは、2度目の倒壊で荒れるままとなっていく時代の様子である。

芥川龍之介《あくたがわりゅうのすけ》の『羅生門』でも描かれているとおり、羅城門は狐狸や盗賊の住み家となり、いつしか引き取り手のない死体の捨て場所にまでされたという。何とも凄絶なイメージが頭に浮かぶが、これは京都の長い歴史の中でけっして珍しい光景ではなかった。

たとえば400年ほど時代を下った14～15世紀にも、数度の大飢饉によって都が死体で溢れ返ったことが伝えられている。当時の朝廷や室町幕府はもはや死体を処置しようともせず、賀茂川などに死屍累々《ししるいるい》の惨景が繰り広げられた。社会の底辺に生まれた願阿弥《がんあみ》が庶民救済にかけ回り、流失したままの五条橋を架け直したのもこのころである。

この地獄絵図の最中も幕府の権力者たちは、現実逃避するかのように政治を忘れて詩文風流に明け暮れていた。そうした権力者たちのサロンとなっていたのが、ほかでもない鹿苑寺《ろくおんじ》こと金閣寺《きんかくじ》、そして慈照寺《じしょうじ》こと銀閣寺《ぎんかくじ》である。

あたかも極楽浄土を再現したようなその美しさの陰に、文字どおりの地獄が対置されていたわけだ。

金閣寺が立つ場所には元々、公家西園寺《さいおんじ》家の山荘があった。1397年、そこに自らの御所として屋敷を建てさせたのは、室町幕府3代将軍・足利義満《あしかがよしみつ》である。小ぢんまりした堂宇は1年でおもな建設を終え、義満は1398年からここへ移り住んだ。

当時「北山殿《きたやまどの》」と呼ばれていたその屋敷は、例の金箔で覆われた舎利殿のほかにいくつかの建築物を有していた。池に面して3層の舎利殿つまり金閣、そして天鏡閣、二階殿、泉殿といった建築群が近接して設けられていたのだ。

また建築様式は和様、天竺《てんじく》様、唐様を折衷し、独特の建築美を誇っていた。そのため、当時の北山殿は浮き世離れした壮観を見せていたことは想像に難くない。創建当初、「西方極楽もかなふべからず」と称賛されたともいわれている。

当時は、禅宗を背景とする北山文化が華開いた時代だ。義満自身も1395年に出家し、禅を学んだことが伝えられている。しかしあの金ピカの舎利殿に、一般的な禅のイメージとそぐわないものを感じる向きも多いのではないだろうか。たとえば禅僧といえば始祖である達磨《だるま》に象徴されるように、一切の執着を断って己れをも

鏡湖池に金箔が輝く金閣寺。

捨て去る極貧清浄の姿を思い起こすのが普通である。

しかしこうした疑問は、義満の権力欲という一語で説明できるようだ。息子の義《よし》持《もち》に将軍位を譲って僧侶となった義満だが、義持はまだ幼かったため権力は依然として義満の手中にあった。むしろ彼は超俗の身となることで行動の自由を広げ、法皇の座をも狙おうとしたらしい。

そんな義満にとって、信仰は権勢を得るための道具にすぎなかったのだろう。出家したあとも妻や妾を侍らせ、酒池肉林《しゅちにくりん》の狂宴を催していたという。都の惨状を眺めながら、贅を尽くして現世の極楽を謳歌した義満たち。この皮肉な好対照を踏まえながら金閣寺を眺めると、金色の輝きがいっそう怪しげな美しさを帯びてくるような気がしてくる。

義満の没後、北山殿は息子の義持によって破壊されてしまう。どうやら晩年の義満が、弟である義嗣《よしつぐ》に目をかけたことを恨んでの行動だったようだ。しかし義持は舎利殿には手をかけず、父の菩提寺《ぼだいじ》として残した。こうして舎利殿は、後に金閣寺として知られるようになるのである。

金閣寺は京都の多くの寺社が焼失した応仁の乱を生き抜き、現代まで命脈を保ってきた。しかし１９５０年、ついにその長い歴史を終えたのは周知のとおりだ。三《み》島由紀夫《しまゆきお》の『金閣寺』で描かれたとおり、放火という突発的な事件によって灰となったのである。

犯人は、当時22歳だった金閣寺の修行僧だった。動機について「虐《しいた》げられた絶望感から、金閣という美に対する妬みを抑え切れなかった」「こんなものがあっても禅宗とは何の関わりもない」といった言葉が伝えられている。

ここから、社会の階級に対する怒り、あるいは激しい信仰への情熱などを読み取ることは可能だろう。しかしその真意は、いまとなっては不明である。

銀色に輝くことがなかった銀閣寺

義満が没してから約70年後の１４８２年、今度は銀閣寺の造営がはじまる。建てさせたのは室町幕府8代将軍・足利義政《よしまさ》だ。都を炎に包んだ応仁の乱がようやく鎮まったのは5年前、１４７７年のこと。大規模な飢饉や疫病も相変わらず続いており、都の惨状は義満の時代を上回っていたことだろう。

当時は東山文化が華開いた時代である。やはり禅宗の影響を受ける一方、茶の湯、華道、水墨画、能といった新しい芸術が次々と興った。結果的にそうした文化の推進者として、義政を評価する声も大きい。

しかしその反面、疲弊した庶民から搾取を重ねて放蕩に興じた点では義満と同様だ。義政はそのために徳政をエサとして金銭を取り立てたり、京都周辺に限って新たな関銭《せきせん》を課すなど、苛酷な収奪を行っている。こうして集めた富が、高価な美術品の収集や美邸名園の造営、そして贅沢な遊興に注ぎ込まれたわけだ。

禅宗芸術と呼ばれる東山文化も、精神性の点では禅が持つ高潔さはない。むしろ禅の美的爛熟《らんじゅく》、あるいは趣味化と呼んだほうがふさわしいだろう。

もっとも応仁の乱によって幕府の経済状況は悪化し、さすがの義政も銀閣寺、当時でいう東山殿《ひがしやまどの》の造営は思うままに進められなかった。庭石を揃えるにも苦労したらしく、応仁の乱で焼け残った邸宅などからかき集めて体裁を整えたという。

そうした苦しい台所事情は「銀閣」という呼び名が端的に象徴している。金閣寺は名前のとおり金色に輝いているが、だからといって銀閣寺に銀箔が張られていたわけではない。これは財政難のために銀箔を用意できなかったため、「銀閣」は名前にだけ残ったといわれているのだ。

もっともこの説には異論もある。本当に義政が銀箔による装飾を意図していたかどうか、史料のうえではっきりしない。壁の一部に白い漆の断片が残されているが、これは銀箔を塗るための下地とも、最終的な仕上げとも解釈できる。

いずれにせよ銀閣寺は、金閣寺にくらべるとずいぶんおとなしい建築となった。しかしいかにも派手な金閣寺より、むしろ銀閣寺を好む人は少なくない。それは単に控えめというだけでなく、銀閣寺にはどことなく寂寞《せきばく》とした雰囲気が漂っているせいだろう。

この銀閣寺独特の空気は、おそらく義政の厭世観《えんせいかん》が生み出したものではないかといわれている。

彼が将軍の座に就いたのは1449年のこと。その後1473年に将軍職を息子の義尚《よしひさ》に譲るまでの道のりは、かなり険しいものだったらしい。慢性化した一揆、深刻な飢饉や疫病、そして幕府の権威を失墜させた応仁の乱。こうした中で都の荒廃を見続けた彼は自らに無力感を覚え、無常観や厭世観を募らせていったようだ。彼はやがて花の御所を離れて岩倉へ居を移すが、これも地獄絵図が繰り広げられる都を離れたかったためかもしれない。

そんな義政がこの世の浄土を求めて、晩年の情熱を注いだのが東山殿だった。建設地として東山浄土寺の地が選ばれたというのも、こう考えると意味ありげである。

義政はまた自ら工事の監督にあたったというから、その意気込みは大変なものだったようだ。

しかし義政は念願の観音殿、現在でいう銀閣の完成を見ることなく1490年に没した。これもまた無常の世の定めというべきだろう。義政の死後、東山殿は改めて禅寺・慈照寺として創立された。

義政が切望した銀閣寺はもちろん、現在でも見ることができる。しかし銀閣寺を訪れた観光客が目を奪われるのは、むしろ右手に広がる奇妙な庭園の方かもしれない。そこにあるのはストライプ模様を施された一面の白砂「銀沙灘《ぎんさたん》」、そして先端を切り取られた円錐形の盛り砂「向月台《こうげつだい》」だ。

これは義政の没後200年以上のちの、江戸時代初期に作られたものと考えられている。

砂を使った庭園は、もちろん銀閣寺以外でも見ることはできる。しかしそれらが何らかの具象的なモチーフをうかがわせるのに対して、銀沙灘と向月台はきわめて抽象的だ。端的にいうと、いったい何を象ったのか、あるいは何を意図したのかが読み取れないのである。

そもそもこの庭園に関する史料も乏しく、制作年度はおろか作られた経緯もはっきりしない。まさしく謎というほかない庭園だが、それだけに見る者はいっそう神秘的な空想を喚起させずにはいられないようだ。

しかし謎を秘めた庭園とはいえ、砂で作られている以上は常に人の手で成形される必要がある。そうした作業はかつて禅僧たちの日々の作務《さむ》だったのだろうが、現在管理しているのはプロの庭師だ。銀沙灘と向月台はともに、月に約2回の大がかりな手入れが行われている。その方法は、水をかけて泥状にした上で元の形にこね上げていくというものだ。

定期的に作り直されるにもかかわらず、銀沙灘と向月台には定まった設計図のようなものが伝えられているわけではない。そのためとくに向月台は、長い年月のあいだに少しずつ形が変化しているようだ。

たとえば18世紀末の銀閣寺を描いた「都林泉名勝図会」を見ると、いまとは違って大木の切り株のような形をしている。この調子でいくと将来、また違った形に変化することもあり得るだろう。

もちろん意図したものではないにしても、月日とともに無作為の変遷を続ける向月台にいっそう深遠な神秘を感じずにはいられない。

竜安寺の石庭が本当に意味すること

神秘性で人々をひきつける銀閣寺の銀沙灘と向月台。しかし謎めいた庭園といえば、何をおいても竜安寺の石庭が世界的に有名だ。草木を一切用いず、砂を敷き詰めた方形の庭に大小15個の石だけが配置された枯山水《かれさんすい》の代表的庭園である。しばしば日本文化の神髄として海外、とくに欧米に紹介されているが、もちろん日本人だからといってその思想を十分に説明できるわけではない。

しかし見る者に深遠な謎を投げかけながら不可解なりに感動を与える石庭は、やはり日本の代表的庭園にふさわしいといえるだろう。

竜安寺が作られたのは1450年のこと。室町中期の武将・細川勝元《ほそかわかつもと》が、徳大寺家から譲り受けた地に妙心寺《みょうしんじ》派の禅寺を建てさせたのが始まりだ。妙心寺派とは臨《りん》済宗《ざいしゅう》十四派の1つで、14世紀に関山慧玄《かんざんえげん》が開いた修行道場である。そもそもは徳大寺から出た分派ともいえるが、当時は徳大寺と威を争うまでになっていた。それが勝元の竜安寺建立をきっかけに、大いに勢いづいたとも伝えられている。

白砂の庭に置かれた竜安寺の石群。

竜安寺は細川家の菩提寺、つまり先祖の霊を祀る寺として建てられたものだ。そのため当初は、民衆と関わり合いを持たない武将のプライベートな寺だったらしい。そんな竜安寺も京都に散在する多くの寺社の例に漏れず、1467年から1477年まで続いた応仁の乱によって焼失している。その後1499年に再建されたが、1790年に再び焼失。それからほどなくして行われた再建によって、ようやく今日見られる姿となった。

もっとも石庭の起源をめぐっては、さまざまな異説も提唱されている。石庭の原型は1450年以前から存在していたのではないか、あるいは現在のような配置となったのは江戸時代初期のことではないか、といった説だ。もちろん作者も不詳であり、作られた意図や経緯もはっきりしない。いずれにせよ2度目の再建のころには、すでに現在のような形になっていたようだ。

いまも観光客を深い思索へと誘い込む石庭だが、その造形には一応の説明もなされている。それは「虎の児渡し」と呼ばれるものだ。もともと漢の故事にちなんだもので、太守《たいしゅ》を慕うあまりに大河を渡った虎の親子を象ったものだという。同時に竜に向かっていく虎の姿も象徴しているとされ、白砂は大河でもあり海でもあるのだそうだ。

しかしこう説明されたからといって、石庭の謎めいた雰囲気は変わらない。虎の親子にしては石の配置はあまりに抽象的で、そこに何らかの異なった意図を感じずにはいられないからだろう。また石庭の配置には、ある秘密が隠されている。並べられた15個の石は、どの方角から見ても一つだけが別の石の陰に隠れて見えないようになっているのだ。その真意についてもさまざまな説がある。

たとえば虎が我が子を守るため常に1匹を隠している、あるいは15という数字は月が満ちる日数であり物事の盛衰を象徴するため、衰退を避ける意味で1つを隠しているなど。とはいうものの、どの説も仮説の域を出ているわけではない。竜安寺の石庭が秘めた謎の答えは、やはり見る者の心の中にだけ用意されていると心得たほうがよさそうだ。

異彩を放つ西本願寺・飛雲閣の秘められた謎

京都には金閣、銀閣とともに「三名閣」の一角をなす名建築がある。西本願寺《にしほんがんじ》が有する国宝、飛雲閣《ひうんかく》がそれだ。

シンメトリックな伝統建築が立ち並ぶ京都にあって、飛雲閣の外観には突飛な印象を受ける。というのもさまざまな形態の屋根を、左右非対称に寄せ集めるようにデザインされているからだ。現在でこそ長い歳月によって落ち着いた佇まいを見せているが、完成当初はさぞ異彩を放つ建築だったに違いない。

もっとも飛雲閣が作られた年代は、はっきりしていない。かつて強大な軍事力を有して織田信長らと戦った本願寺が、豊臣秀吉の寺領寄進によって現在の西本願寺の地に移ったのが1591年のこと。しかし伸び続けるその力を恐れた徳川家康によって、1602年に本願寺教団を東西に分断した。このとき新たに建てられたのが、現在も西本願寺の東に位置する東本願寺だ。飛雲閣が建てられたのはその前後、おそらく江戸時代初期のこととされている。

飛雲閣は単に奇抜な建築というだけでなく、歴史的にきわめて重要な意味を持っている。飛雲閣は、秀吉が建てた聚楽第《じゅらくだい》の遺構を移築したのではないかという説があるのだ。

聚楽第とは、秀吉が京都に設けた城郭風の邸宅だ。1587年に完成したといわれる。天下人の邸宅にふさわしく桃山文化の粋を集めた建築だったとされるが、秀吉の甥・秀次《ひでつぐ》が没した後に破壊された。そのため実際の様子がどうだったか、現在では推測するしかない。しかしもし飛雲閣が聚楽第の遺構なら、秀吉が晩年を過ごしたこの邸宅が現代まで残されていることになる。いまだに真相は不明だが、今後の発見を待ちたいところだ。

西本願寺にはこのほか、不思議なエピソードもたくさん伝わっている。宗祖・親《しん》鸞《らん》の御影《みえい》を祀っている御影堂の前に立つ、巨大なイチョウ「逆さ銀杏」にまつわる話もその1つだ。

1788年、天明の大火が京都を襲ったときのこと。御影堂まで火の手が迫ると、このイチョウは枝先から水を吹いて御影堂を守ったといわれているのだ。話の真偽はおくとしても、四方にうねりくねった幹を伸ばすこの老木は、何がしかの霊力を感じずにいられない迫力に満ちている。

険峻な場所に清水の舞台が建立された理由

一年を通じて観光客で賑わう京都。金閣・銀閣の両寺刹や竜安寺はもちろん人気のスポットだが、人の賑わいという点では清水寺《きよみずでら》が一番だ。

清水寺の賑わいは現代にはじまったことではない。十一面観音菩薩《じゅういちめんかんのんぼさつ》像を本尊とする清水寺は、平安時代中期から現世利益の観音信仰を背景に多くの参詣者を集めてきた。また中世以降は西国三十三所観音霊場としても知られており、由緒ある古刹でもある。

現代、清水寺を訪れる観光客のお目あてはいうまでもなく清水の舞台だろう。「清水の舞台から飛び降りる」というとおり、高さ11メートルの舞台から飛び降りればまず命はない。もっとも高い所ならどこも同じに違いないが、あえて壮麗な清水の舞台からというところが粋というものだ。

しかし清水寺が創建された平安時代、けっして寺社の土地に不自由することはなかったはずである。それなのになぜ、あのような険峻《けんしゅん》な場所に高い舞台が設けられたのだろうか。

清水寺の創建は古く、平安遷都より以前の780年にさかのぼる。のちの征夷大《せいいたい》将軍《しょうぐん》・坂上田村麻呂《さかのうえのたむらまろ》が観音菩薩像を安置するため、音羽山中に建てた仏殿がその起こりとされている。

しかしその後しばしば火災に遭っており、堂塔の多くは1633年に徳川3代将軍・徳川家光によって再建されている。

建立から今日に至るまで多くの参詣者で賑わう清水の舞台。

現在の清水の舞台も、そのころに建てられたものだ。132本のケヤキ材で組み立てられており、クギは1本も使われていない。しかし「地獄どめ」と呼ばれる工法により、地震に対してきわめて頑丈に作られているという。

こうした技術を駆使して大がかりな舞台が作られた理由は、眺望を楽しむためといわれているらしい。鳥取県にも舞台造りで建てられた寺があるが、そこもやはり眺めのいい仏塔として有名だ。

また同時に、少しでも天上に近づくために高みに上ろうとしたという理由も指摘されている。大規模な塔が盛んに建てられたことからもわかるとおり、当時は高い建築物を作ることに何らかの宗教的願いが込められていたのだろう。

清水寺は古くから親しまれてきただけに、さまざまな奇談も多い。『今昔物語集』にも、極貧の生活を送っていた哀れな女が観音菩薩への深い信仰によって裕福な暮らしができるようになったという逸話が残されている。

現世利益の寺として賑わったためか、よく見られるのはあらたかな霊験にまつわる話だ。近年でもそうした信仰は受け継がれており、清水寺の滝水が病気によいと信じる人は少なくないという。

第7章

縄文杉が7000年間見守る「雨の島」

屋久島

自然遺産 1993年

屋久島のシンボルとされる縄文杉は、一説によると樹齢7000年を超えるともいわれる。この縄文杉をはじめ、屋久島にはいまも数千年を生き延びたスギが何本も知られている。希有な長寿のスギを育む屋久島の自然には、ほかでは見られない発見が多い。長い伐採と開発の時代を経てようやく本格的な保護が始まった現在、それらの謎が解かれようとしている。

●鹿児島空港から屋久島空港まで飛行機40分
●ジェットフォイル「トッピー」(鹿児島商船)で鹿児島港から宮之浦港まで1時間45分、フェリー「屋久島2」(折田汽船)で鹿児島港から宮之浦港まで3時間30分、「第2屋久島丸」(鹿児島商船)で鹿児島港から宮之浦港まで4時間

希有な植物層を育んだ特異な自然環境

このところ考古学が人気を集めている。相次ぐ新発見によって、古代日本の様相が斬新かつリアルに塗り替えられているためだ。そんな考古学ブームの火つけ役となったのが、青森県三内丸山《さんないまるやま》遺跡での発見だった。大規模な集落の跡地から、予想以上に文化的な縄文《じょうもん》時代の暮らしが蘇っている。

しかし縄文時代といえば、現代から6500年～2300年前の古代。文献はもちろんのこと、口承などもまったく残されていない。したがって現代のわれわれは、わずかな出土品から当時の様子を想像するだけだ。

ところが日本には、その縄文時代から現在まで生き続けている植物がいる。それが世界遺産・屋久島《やくしま》の縄文杉だ。

詳細な樹齢について結論はまだ出ていないが、もっとも古いとする説は7200歳。同じく長寿で知られるアメリカ北西部のセコイアが推定樹齢4000歳だから、世界一長生きの生物である可能性もあるのだ。この驚くべき縄文杉を育んだ屋久島の自然には、いったいどんな秘密が隠されているのだろう。

屋久島がその希有な自然環境を認められて世界遺産に登録されたのは、１９９３年のこと。２０００年５月には世界自然遺産会議の会場にも選ばれ、いっそうの注目を集めている。

鹿児島港から真南へ約60キロメートル下ったあたり、種子《たねが》島と口永良部《くちのえらぶ》島の中間に屋久島は位置する。鹿児島港から就航しているフェリー「屋久島２」なら３時間半、高速船「トッピー」なら1時間45分の距離だ。

島の輪郭はやや不規則な五角形をしており、その周囲は約１３２キロメートル。面積が約５０３平方キロメートルというから、東京23区より少し小さいくらい。地図で見る限り、とくに何ということはない普通の島である。

ところがその植物相は、ほかでは見られない希有なものだ。北は亜寒帯から南は熱帯まで、南北２０００キロメートルの日本全域の植物相が屋久島に凝縮されているのである。たとえば山間にモミやスギなどの針葉樹林が生育するかと思えば、海岸ではマングローブが根を下ろしているといった調子だ。このため屋久島は「日本の縮図」との異名も持つ。世界自然遺産に登録されたのも、単純に古いスギが多いというだけでなく、この特異な自然環境が大きな要因である。

当然ながら自生する植物の種類は豊富だ。シダ植物３８８種、種子植物１１３６種が数えられている。面積が大きく赤道に近い島ほど植物種が多いとされるが、屋久島より広くて南に位置する奄美大島でも帰化植物をふくめて約１３００種。いかに屋久島の植物相が多様かわかるだろう。

屋久島でこうした植物相が発達した要因としては、まず島の場所が挙げられる。屋久島が位置するのは北緯30度付近。ここは常夏の熱帯地方が、シベリア気団の影響を直接受け始めるあたりだ。そのため緯度に伴う気候の変化が、地球上でもっとも顕著に表れる一帯として知られている。

もっとも位置に関しては、両隣りの種子島や口永良部島も条件は同じだ。しかし屋久島にだけ特異な植物相が見られる理由は、その地形にある。屋久島は別名「洋上アルプス」などと呼ばれるように、南アルプス以南で１、２を争う高山がいくつもそびえているのだ。

奄美《あまみ》諸島、沖縄諸島はもちろん、九州全域をふくめても屋久島の山を超える高山は見あたらない。それどころか、これらの地域で標高の高い山を順番に並べると屋久島の峰々が上位7位までを占める。

１位が標高１９３５メートルの宮之浦岳《みやのうらだけ》、２位から永田岳《ながただけ》（１８８６メートル）、翁岳《おきなだけ》（1856メートル）、安房岳《あんぼうだけ》（1847メートル）、黒味岳《くろみだけ》（1831メートル）、投石岳《なげしだけ》（1830メートル）、ネマチ岳（1814メートル）ときて、ようやく九州の久住山《くじゅうさん》（1788メートル）が顔を出すという具合だ。実際に海から眺めた屋久島は、あたかも山塊が海面から抜け上がったように見える。そのため遠くからでもすぐに見つけることができ、古くから船乗りのいい道しるべともされてきたという。

よく知られているとおり、標高が高くなると気温は下がる。気圧の低下とともに、空気が膨張して熱を失うためだ。これを断熱膨張という。高度が100メートル上がると、下がる温度は0・6度。したがって標高差約2000メートルの屋久島では、低地と高地で12度もの開きが生じる。このため同じ島内でありながら、標高に応じてさまざまな植物相が発達したわけだ。

「屋久島には月に35日雨が降る」

それにしてもなぜ、険峻な高山が洋上にぽっかり浮かんでいるのだろうか。この謎を解くには、屋久島の成り立ちを知る必要がある。

奄美諸島、沖縄諸島、八重山《やえやま》諸島などをふくむ南西諸島は、サンゴ礁が隆起してできた島々だ。しかしその北端に位置する種子島と屋久島は、起源が異なる。この2つは南西日本の大平洋岸と同じ成り立ちを経ており、鹿児島県の大隅《おおすみ》半島と地続きだった時代もあるという。

屋久島の地形が作られ始めたのは、6300万年前ごろだと考えられている。そのころ、九州南東部はアジア大陸沿岸の海底にあった。そこへ大陸から土砂が流入して堆積して粘板岩《ねんばんがん》となった。やがて1000万年前ごろ、粘板岩の下から花崗岩《かこうがん》のマグマがフィリピン海プレートの運動によって隆起し始める。地球規模の対流現象によって、造山活動が始まったのだ。

花崗岩のマグマは堆積層を突き抜けて上昇し続け、やがて高い山々を形作っていった。つまり粘板岩を押し上げて飛び出した花崗岩の塊が、現在の屋久島というわけだ。こうした造山活動の痕跡は、現在の屋久島にも見ることができる。比較的平らな島の周囲を形作っている粘板岩は、熊毛《くまげ》層と呼ばれる地層。これはかつて海底に土砂がたまってできた堆積層の名残りだ。一方、高い山々はいずれも花崗岩によって構成されている。

山々が花崗岩で作られたことも、屋久島の地形に大きく影響した。花崗岩は深層風化、つまり長い歳月のあいだに深いところまで風化する特徴がある。本来なら風化によって山は削られ低くなるのだが、雨が多いという屋久島の気候が独自の結果をもたらした。山が均等に削られるより早く、雨水によって深い谷が発達したのだ。このため、急峻な山とV字型の谷という地形が残ったのである。

険しい山を刻んだ雨は、現在も屋久島の名物だ。屋久島を語るときによく引き合いに出されるのが、林芙美子《はやしふみこ》の小説『浮雲《うきぐも》』で有名になった《屋久島は月に35日雨が降る》というフレーズ。もちろんこれは林の創作ではなく、『浮雲』以前から島民のあいだで語られていた言葉である。

実際に屋久島がどれだけ雨が多いか、具体的な数字を見てみよう。過去15年の平均では、1ミリ以上の降水日数が年間171日。これは鹿児島にくらべて45日も多い計算だ。また100ミリ以上の大雨では、屋久島の約8日にくらべ鹿児島は約2日。年間降水量で見ると、屋久島の4291ミリに対して鹿児島は2237ミリ。降水量が多い日数に比例して、屋久島の雨の多さが顕著ということだ。月35日という表現も、こうして見るとあながち大げさでないことがわかるだろう。

極端に雨が多い気候も、屋久島の位置と地形が作り出したものだ。屋久島付近を

樹齢7000年以上の屋久島を代表する縄文杉。

流れる黒潮は、世界でもっとも水温が高い海流といわれる。この黒潮の海面から発生した水蒸気が標高2000メートル近い高山に沿って上昇し、一気に冷却されて雲となるのだ。そのため標高1000〜1300メートル付近は、常に空中湿度が75パーセントを超える雲霧帯に覆われている。いってみれば、高地の大気がダムの役割をしているようなものだ。したがって山間部に行くほど、雨はいっそう激しさを増す。山頂付近で年間降水量が9000ミリを記録する一帯もあるほどだ。

大量に降り注いだ雨水は、花崗岩が剥き出しになった険しい峡谷を一気に流れ落ちていく。とくに大雨が降った直後は島の随所にある一枚岩の岩肌が滝と化し、勢いよく水を迸《ほとばし》らせる光景を見ることができる。

木の寿命では計れない屋久杉の樹齢

スギは津軽半島から屋久島まで、日本に幅広く分布しているポピュラーな植物だ。各地に秋田杉、吉野杉など固有の呼び名があるが、実はみな日本固有の同一種である。屋久杉の名も、そうした地域名の1つにすぎない。

しかし屋久杉には、ほかで見られない大きな特徴がある。いうまでもなく、きわめて長寿ということだ。一般にスギの寿命は、およそ５００年程度。樹齢２００年あたりから幹の中心部が腐り始め、空洞化が進んでしまう。ところが屋久島のスギは、樹齢５００年くらいでは空洞化することなく若々しい様子を保っている。

それどころか、屋久島に生えているスギがみな屋久杉と呼ばれるわけではない。屋久杉とは、樹齢が１０００年を超えたスギにだけ与えられる呼び名なのだ。さらに樹齢２０００年以上と見られる巨木は、敬意を込めて個体名で呼ばれている。有名な縄文杉はその代表だ。ほかに推定樹齢３０００〜４０００年の大和《やまと》杉、同じく３０００年の大王《だいおう》杉、２６００年の母子《ははこ》杉、以下２０００年の翁《おきな》杉、夫婦《めおと》杉、川上《かわかみ》杉などがある。

屋久杉が長生きする背景には、屋久島のさまざまな自然が複雑に絡み合っている。たとえば雨。屋久島に降る多量の雨は、屋久杉には欠かせない恵みだ。スギは、酸素を豊富にふくんだ新鮮な水を好む。雨が多いうえに空中湿度が高い屋久島の高所は、スギの成長にきわめて適した環境といえるだろう。

また屋久島が離島であるという点も、屋久杉にとって有利な条件だ。本来スギは、非常に古い植物である。そのため現代では、ブナのような新しい種の植物に地位を脅かされているのが常だ。実際に日本各地で、天然スギは自然のなりゆきとして数を減らしている。たとえば鹿児島県の高隈《たかくま》山でも、スギ林であるはずの森林帯がブナ林に置き換わっているという。ところが海によって隔絶された屋久島には、新たな優先種が侵入してこなかった。

また屋久島の山々が花崗岩によって作られていることも、長寿の一因となっている。そもそも屋久島の山は岩ばかりで表土が乏しい上、花崗岩には植物にとって有用な成分が少ない。つまり風化しても栄養の貧しい土にしかならないのだ。

一見すると植物に不利な環境に思えるが、屋久杉にはこれがかえって幸いした。土が貧しいために、屋久杉はきわめてゆっくりと成長するのである。たとえば有名な日光の杉並木では、樹齢350年ほどで直径2メートルの大木となったスギが見られる。ところが屋久杉の場合では、直径2メートルにまで成長するには1500年近い歳月を要するという。同じ太さになるまで余分に年数を経たということは、それだけ年輪が緻密であることを意味する。したがって屋久杉は非常に固く、腐食に強い性質を持っているのだ。

加えて屋久島が台風の通り道であることも、屋久杉には好条件となっている。よく知られているように、スギは50～60メートルほどにまで成長する背の高い木だ。

しかし屋久杉の樹高はせいぜい30メートル前後しかない。これは屋久島でほかの木々が形成する森林の高さとほぼ一致している。なぜなら成長したスギが森から頭を出すと、台風が先端を折り取ってしまうからだ。主幹を折られたスギは左右に枝を伸ばして、太く短い幹が育っていく。こうなると仮に100年に1度という未曾有の台風が襲っても、背が低くがっちりしているので倒されることはない。常に強風に晒されていることで、逆に風への耐久力を獲得しているわけだ。

このほか現存している屋久杉に限っていえば、人間との関わりを見過ごすわけにいかない。現在でこそ世界遺産として手厚く保護されている屋久島だが、つい最近まで開発の波が押し寄せた時代もあるのだ。

屋久島に人が住みはじめたのは、およそ6000年前のこと。現在でも1万人あまりの人々が、この世界遺産の島で暮らしている。

島の住民は古くから屋久島の豊富な木々を暮らしに利用していたが、彼らが自主的に屋久杉を切り倒すことはなかった。生活のために分け入るのは標高1000メートルの照葉樹林帯あたりまでで、屋久杉が自生するそれより高い地域には滅多に入らなかったからだ。というのも険しい屋久島の山奥は、人間がみだりに足を踏み入れてはいけない神聖な場所とされていたためである。

しかしそうした島民の信仰は16世紀末ごろから、経済原理によってかき消される。屋久島を直轄領とした島津《しまづ》氏が、固く締った屋久杉の建材としての価値に目をつけたのだ。やがて島津氏は屋久島の宮之浦に屋久島奉行を置き、本格的な伐採を始めた。しかし江戸時代後半には、早くも過剰伐採による品質低下が記録に表れるようになる。屋久島原生自然環境保全地域で行われた調査によれば、江戸時代を通して約70パーセントもの屋久杉が切り倒されたそうだ。

明治維新を迎えると、伐採はいっそう激しくなる。明治政府は島の76・5パーセントを国有林に定めて、島民によるわずかな利用すら禁じたのだ。のちに国有林の17パーセントが共用林とされたが、そこに生えていた広葉樹はパルプ用材としてみな伐採されてしまった。

戦後には復興と経済成長によって伐採は最高潮に達した。とくに1960年ごろから約10年間で、歴史を通じて伐採された総量の実に60パーセントが切り倒されたという。

また豊富な水力とおそらく土地の安さを狙って、屋久島に電気化学産業を興そうなどという計画が持ち上がったのもこのころだった。

現在の屋久杉は、江戸時代から現代を通して続いた野放図な伐採の生き残りだ。

これはけっして単なる幸運の結果ではない。縄文杉、大和杉、大王杉といった巨木をよく眺めると、切られなかった理由がわかる。これらの木々はすべて瘤《こぶ》だらけで複雑な幹の形をしていたため、商品価値なしと判断されただけのことなのだ。

もし縄文杉に瘤がなく幹がまっすぐだったとしたら、どうなっていたか。いまごろは伐採され、どこかの寺か住宅の一部になっていたかもしれない。

怪音を響かせる「オン助」の正体

かつては人々に畏怖《いふ》され神聖視されてきた屋久島の山々。そんな人々の山に対する思いは、屋久島に伝わるさまざまな伝承に見ることができる。

中でもポピュラーなのが、古木の精霊にまつわる話だ。たとえば「山わろ」と呼ばれる精霊も、その1つである。

山わろは人間の前に姿を現さず、音だけで存在をアピールするのが特徴だ。一例を挙げると、こんな話がある。島に住む若者二人が、屋久杉を求めて山奥に分け入ったときのことだ。

二人は山中で、幹が3抱えもある立派な山桐《やまぎり》の木を見つける。そこで「これを箪笥にしたらさぞ立派なものができるだろう」などと話していると、山桐から不思議な音が聞こえてきた。あたりに人はいないのに、誰かがその山桐を切る音がするのである。

やがてメリメリという幹が折れる音に変わり、大木が地面に倒れる大きな音があたりに響きわたった。それでも音は止まず、今度は倒れた木を板に加工して1枚1枚積み上げていく様子まで音で再現されていく。

しかし二人の周りでは何も起きておらず、山桐もまっすぐ立ったままだ。恐ろしくなった二人は屋久杉も山桐も諦め、逃げるようにして山を降りていったという。

どうやら山わろは、切られた木の怨念のような存在らしい。こうした伝承が醸成されるほど、伐採は島民に罪悪感をもたらしていたのだろうか。

屋久島の伝承の中には、最近まで実際にあったとされる話もある。「山のオン助」と呼ばれる怪物の話も、その1つだ。

オン助も山わろと同じく、姿を見せない。その代わり山に入った人を「オーイ」と呼び続けたり、「キャーッ」という叫び声を上げて驚かせるのだそうだ。しかしオン助の呼びかけにけっして応えてはならず、山でオン助という名を口にするのも憚られるという。

また岩壁を引っ掻くような音や、大木が倒れたり山崩れのような音を立てることもある。

オン助は鳥や獣でなく山の怪物の一種ということだ。しかし島の暮らしを知らない者から見ると、もしやと思わずにいられない動物がいる。それはヤクシマザルだ。

屋久島はニホンザル棲息地の南限であり、その亜種であるヤクシマザルが数多く棲息している。本土のニホンザルにくらべると、ヤクシマザルはやや体が小さめなのが特徴だ。

しかし孤島であるはずの屋久島に、どこからヤクシマザルがやってきたのかという疑問が湧く。実はヤクシマザルの起源は、古く2万年前に遡るとする考えが有力だ。そのころ九州と屋久島は地続きとなっており、ヤクシマザルは陸伝いにこの島にやってきたらしい。

ヤクシマザルと並んで屋久島でポピュラーな哺乳類に、ヤクジカがいる。しかしタヌキ、キツネ、ノウサギ、イノシシといった、本土ではお馴染みの動物はいない。豊かな植物相にくらべ、屋久島の哺乳類相はきわめて貧弱である。やはり本土から隔絶された環境が、哺乳類の流入を難しくしてきたといえそうだ。

もちろんサルは「オーイ」と鳴かないにしても、似たような声を出したり、姿を見せず物音で人を驚かせることもあるだろう。

しかしこの考えも、現代人のうがった推察にすぎないかもしれない。真実を知るのは唯一、屋久島の険しい山々だけだ。

第8章

廃墟の中に残された「負の遺産」の運命

原爆ドーム
（広島平和記念碑）

文化遺産 1996年

第2次世界大戦がもたらした負の遺産、原爆ドーム。そのかつての姿を知る人の数は、年々減少する一方にある。そこはいったいどんな建物で、中では何が行われていたのだろうか。廃墟と化した現在のドームの姿しか知らぬ戦後世代は、果たしてドーム本来の姿を想像したことがあるのだろうか。今年で85歳を迎えるドーム、その生涯はまさに波瀾万丈としかいいようがないのだ。

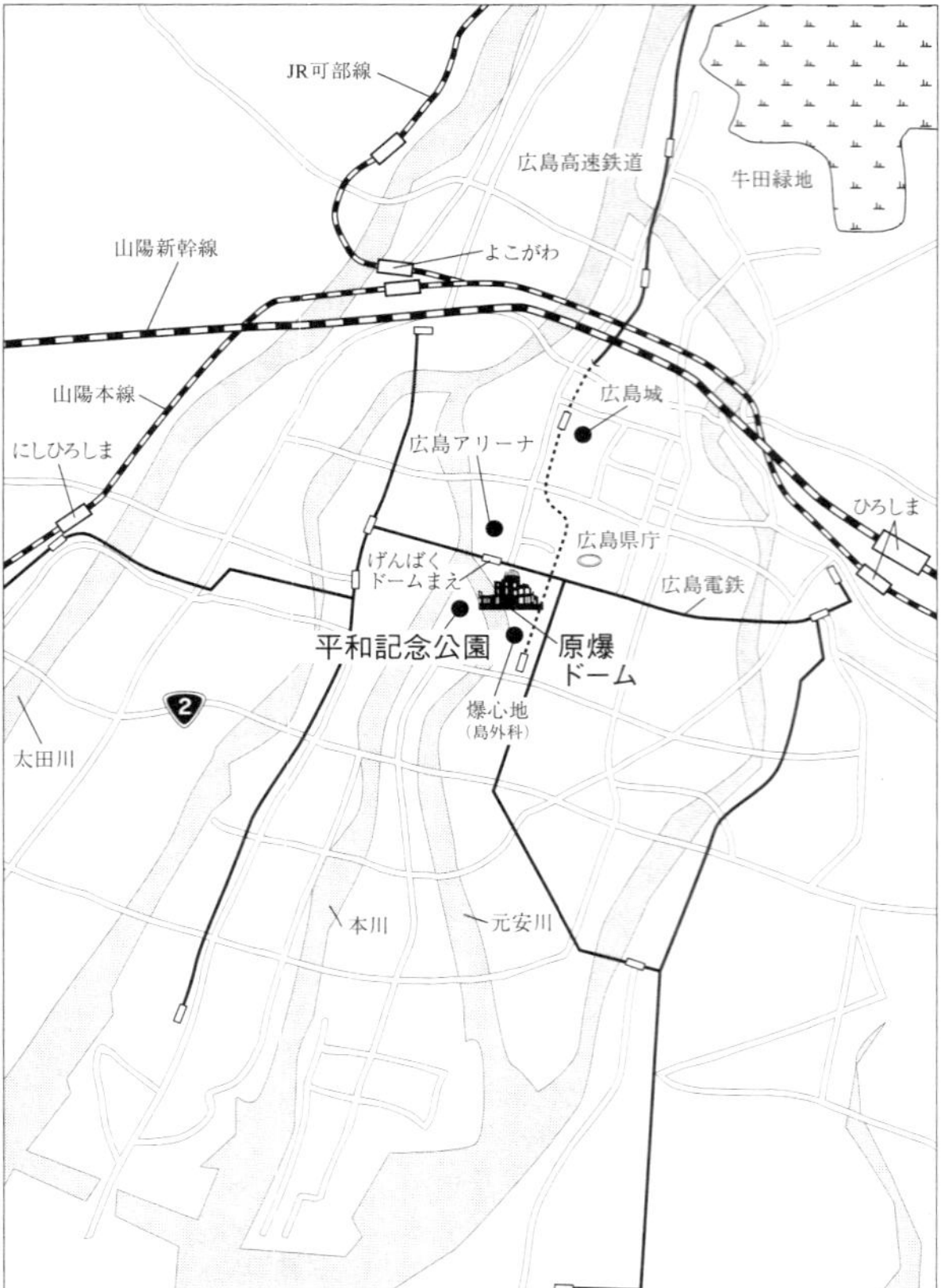

●山陽新幹線〈広島駅〉下車　バス25分または広島電鉄25分
●山陽自動車道広島IC下車20分

マンハッタン計画と悪夢の瞬間

1915年（大正4年）8月、当時の日本としては非常に珍しい、ヨーロッパ調のモダンな建物が広島市内に誕生した。

地上3階地下1階、正面中央部分のみが5階建てというユニークなデザインのその建物は、外観の一部に丸みを帯び幾多の窓が設けられていた。また壁は赤銅色に輝き、幾何学模様の装飾、屋根の上の柱頭などいたるところから西洋文化の香りを解き放ち、吹き抜けの天井や螺旋《らせん》階段、大きな窓から差し込む日の光によって、館内は幻想的な雰囲気に包まれていた……。

「広島県物産陳列館」

この建物こそが、ポーランドのアウシュビッツ強制収容所と並ぶ「負の遺産」、原爆ドームの本来の姿と名称である。

1900年以降、経済の発展した広島では近代工業製品の開発や品質の向上、販路拡大を図るための拠点施設を求める声が日増しに強くなっていった。そこで広島市は「物産陳列所」の建築を検討するが、検討しただけで案は闇に葬られる。すると今度は、県が「物産陳列館」の設置を計画しはじめたのだった。

結局、敷地は市が用意し、建物は県が受け持つことで物産陳列館の建設が正式に決定、広島駅からほど近い猿楽町《さるがくちょう》、元安川《もとやすがわ》にかかるT字型の相生橋《あいおいばし》のたもとが建設場所に選定されたのである。

さて、建物のシンボル的存在でとくに人々の目をひきつけたのが、中央上部のドームである。ドームは長軸11メートル、短軸8メートル、高さ4メートルという楕円の形をしており、展望台としての役割も兼ねていた。また、ドームの前面にはバルコニーが設けられ、展望台から外へ出ることもできたという。

一方、建物の中央には500坪から600坪の庭園が作られ、獅子の口から水が噴出する仕組みの噴水やあずまやなどが置かれ、洋風、和風両方の庭園が楽しめるようになっていた。

陳列館の1階は主に事務用に使われ、2階と3階で常時、展示会や展覧会が催されていた。その賑わいぶりは入場者数に顕著に表れ、開館してから1年も経ずして15万7000人にのぼったと記録されている。

とくに7色の光を放つステンドグラスや手回しのパイプオルガンといった西洋の

品々は人々を魅了し、1927年（昭和2年）に開催された「アメリカから来たお人形展」では、4日間で4万人もの人が訪れたという。

陳列館は1921年（大正10年）に「広島県立商品陳列所」、そして1933年（昭和8年）に県産品の海外進出を目論んで「広島県産業奨励館」と名称を変更した。奨励館となってからは、展示会だけでなく博物館や美術館の役割も兼ねるようになった。

中でも美術展は頻繁に行われ、広島における美術普及の一役を担ったといえる。また、ときには無声映画の上映もされるなど、まさしく奨励館は芸術の宝庫であったのだ。

そんな奨励館を訪れた人は誰でも館内に漂うエキゾチシズムに酔い、はじめて目にする絵画や彫刻、映画に驚嘆し、窓から川を臨んでは優雅な気分に浸った。

また、一気にすべりおりることのできる螺旋階段の手すりや広い中庭は子供たちの恰好の遊び場となり、近所の住民は奨励館に反射した日光のあたり具合を見て時間を推測したという。

当時の人々にとって奨励館は憩いの場であり、非日常を味わえる未知なる空間であり、そして広島の象徴だったのである。

しかし、次第に奨励館にも戦争の影が忍び寄ってくる。展示会も傷病兵《しょうびょうへい》士慰問献画展覧会や聖戦美術展覧会など戦争色の濃いものが多く開催されるようになっていった。そして、ついには奨励館としての業務は廃止され、代わって官公庁などの事務所に使用されることになったのである。

奨励館を悲劇が襲ったのは１９４５年（昭和20年）８月６日、忘れもしない月曜日の朝のことだった。

雲１つない真っ青な空に現れたアメリカのＢ29爆撃機「エノラ・ゲイ」は、午前８時15分17秒、その腹部を開いた。７月16日に人類史上はじめての核爆発実験を成功させていたアメリカは、同月25日、日本に原爆を投下する命令を下していたのである。投下目標は広島、小倉、新潟、長崎。

ところが実はアメリカでは１９４２年（同17年）に原爆の製造が開始され、１９４４年（同19年）９月にはすでに原爆を日本に使用することは決定されていたのである。つまり、投下のおよそ1年前にすでに日本の運命は定められていたということだ。これがマンハッタン計画である。

そしてついに国際法で禁止されていた原子爆弾（原爆）が、第一目標広島の相生橋を目指して投下された。この一瞬の出来事を境に奨励館は歓喜の館から悲劇の館へと一変し、「原爆ドーム」と名を変えたのである。

原爆ドームはなぜ倒壊を免れたのか

「死者14万人(これまでに累計30万人)、広島市内の建物の91パーセントが焼失、破壊。爆心地となった猿楽町の被害は即死者96パーセント、負傷者4パーセント、家屋崩壊100パーセント」

これが原爆の威力だった。

奨励館も全焼したが、奇跡的に中央部分の倒壊だけは免れた。市内に存在するあらゆるものが壊滅的なダメージを受けたにもかかわらず、なぜ奨励館は全壊しなかったのだろうか。

それについては、まず原爆の仕組みから説明しなければならない。

投下された原爆は、「リトルボーイ」と呼ばれる砲弾型の原爆である。全長3メートル20センチ、直径71センチ、重さ4トン。真横から見ると飛行船の先端のふくらみを平らにしたような、あるいはバットの柄の部分を短く切り落としたような形をしている。

中には筒が1本詰め込まれ、筒の両端にはウラン235が、後方部分には爆薬と起爆装置が仕掛けられていた。

リトルボーイの明確な構造はいまだに明らかにはされていないが、科学者たちによればざっとこんな感じだという。そして投下されたリトルボーイの中では、こんなことが起きていたのである。

まず起爆装置が働き、一方のウランがもう一方のウランに衝突して2つのウランは合体した。そして筒の先端にある中性子発生源装置から中性子が飛び出し、ウランの原子核へとぶつかって行ったのである。

ウランの原子核は中性子がぶつかると核分裂を起こし、そこから新たな中性子を2、3個誕生させるのだ。新しく誕生した中性子は、別のウランの原子核にぶつかって行き、その核もまた分裂を起こし、中性子を誕生させる。

こうして中性子の誕生と核分裂が繰り返されていたわけだが、核分裂が起こり中性子が飛び出すときというのは、同時に莫大なエネルギーをも放出するのだ。

このエネルギーが、人体を蝕むあの放射線などである。

外殻を通り抜けることのできる中性子はその後、瞬く間に広島上空へと広がって

21世紀へと伝えられる「負の遺産」は保存作業も困難をきわめる。

いった。中性子は人体に影響を与えるだけでなく、空気や水、土などありとあらゆる物質にぶつかり新たな放射線を生み出すというやっかいなしろものである。もっとも危険な放射線はガンマ線と呼ばれるものだが、屋根や地面に中性子があたるとその屋根や地面からガンマ線が放射されてしまうのだ。

この時点ではまだ原爆は炸裂していない。が、実は原爆が炸裂せず爆風や熱線を受けなかったとしても、すでに広島市に降り注がれていた中性子と放射線によって、爆心地にいた人は全員が死んでいたと伝えられている。

そして、投下されてから43秒後、核分裂が始まってからわずか100分の1秒後に、爆弾内部の温度は250万度にまで達し、上空567メートルのところで原爆は炸裂したのである。奨励館から北西に160メートルの距離であった。

炸裂すると今度は火球が出現した。この熱い空気の塊は40万度にも達し、専門家によれば太陽の1000倍もの明るさを持つという。火球はガンマ線を大量に放射し、同時に衝撃波と熱線を引き起こし、爆風を巻き起こすのである。

そして核分裂開始から0・5秒後、火球は小さくなり、原爆の象徴として映像や写真などでよく目にするキノコ雲が形成されていったのだ。

それでは、奨励館はどのように破壊されたのだろうか。まず、熱線によって銅板で覆われていたドームの部分がみるみるうちに溶けていった。ドーム以外の屋根にはレンガの上にスレートという石が使用されており、これらは熱線に耐え得て残っていたのである。

つまり、熱線を受けた段階ではほぼ建物の形は原形をとどめていたのだ。そこへ衝撃波がやってくる。

衝撃波の威力はすさまじいもので、橋は吹き上げられ、木造の住宅は瞬く間に吹き飛んでしまったほどである。奨励館も例外なくまともに影響を受けた。スレートの屋根は吹き飛び、螺旋階段は大破し、窓は額縁のようになった。

ところが、ドームはなぜか吹き飛ばなかったのである。実は、ドームの部分はすでに表面が溶けていたため鉄枠しか残されてなく、衝撃波はその鉄枠のあいだを素通りしてしまったのだ。そしていま、こうしてドームの枠だけが残されたというわけである。

ちなみに銅の屋根が溶け、建物が崩れるまでは爆発からわずか1秒の出来事だったという。

また、爆心地が近かったのも倒壊を免れた要因として挙げられている。つまり、爆風がほぼ垂直に働いたのである。もしこれが少しでも横から影響を受けていれば、建物はすべて吹き飛んでいたというのだ。

このように被爆したドームは廃墟の中、一人取り残されるような形で佇むことになった。

ちなみに、原爆ドームという名は誰が名づけたのかはいまもって不明だが、1951年（昭和26年）、中国新聞に登場したのがはじめてといわれている。

歴史の陰に消えた外国人設計者

その姿を原爆ドームに変えたことによって、奨励館の隠された謎がいくつか浮上してきた。その1つがこれである。奨励館は一部鉄骨のレンガ造りで、外装はモルタルおよび石材で仕上げられていたが、なぜわざわざレンガの上をモルタルや石材で覆っていたのかということだ。

専門家によれば、レンガを剥き出しのまま使用するには、まずきれいに積むことが最重要だという。それだけでなく、見た目にも機能的にも良質のレンガを使用しなければならない。当然、その分だけ費用はかさむ。そのため、モルタルや石材を使用して費用を抑えたのだろうと推測している。

事実、被爆して剥き出しになったレンガはオランダ積みとイギリス積みという2つの積み方が混在し、中には形の崩れたレンガも使用されていた。最初からモルタルや石材で覆うという構想だったからこそ、積み方やレンガ自体には気を使わなかった、レンガは単なる土台に過ぎなかったのである。

また、どういうわけかドーム下の地面には杭が打ち込まれていたという。現在のウォーターフロントの先駆けともいえる奨励館は、川沿いに建っていたためその地盤は弱かった。そのため、地盤を固めるために杭が打たれたというのだ。杭の存在はドームを調査した大学教授によって明らかにされたが、発見当時、その多くは腐っており、今後大地震が起きるとドームの地盤は液状化しドームは崩壊すると警鐘を鳴らしている。

ところで、ドームの鉄骨は50数年も雨風にさらされていたにもかかわらず、想像以上に錆は進行していない。これは日光と風で水分が速く取り除かれるという説が挙げられているが、放射線が鉄の組織に何らかの変化を与えたのではないかという説もある。

さて、「広島県物産陳列館」はいったい誰の手によって設計されたのだろうか。意外なことに、それを知っている日本人は少ない。設計者は、チェコスロバキア（現チェコ）のナホド出身のヤン・レッルという人物である。

1880年、ホテル経営者の3男、7人兄弟の6番目として生まれたヤンは、現在のプラハ芸術大学で、ウィーンの斬新な建築スタイル、セセッション（離脱派）スタイルの建築デザインを奨学金で学ぶ。そして最高の成績で卒業するとプラハの建築事務所に就職し、プラハの高級ホテル内にある喫茶室の内装デザインなどを行ったりしていた。

しばらくしてからヤンはエジプトにわたり、今度はカイロの宮廷建築家の事務所に籍を置く。そこで知り合ったドイツ人建築家とともに日本にやってきたのが1907年。横浜の建築事務所で、神戸オリエンタルホテルやドイツハウスなどの設計、建設に参加した。

その後、彼はチェコ人の友人と共同で「レッル・アンド・ホラー建築事務所」を東京・銀座に設立し、聖心女子学院、雙葉高等女学校、横浜外人墓地正門など次々と有名建築物の設計を手掛けていった。

ヤンは日本フリークだったため、日本人が好みそうな要素を盛り込んでデザインするのが得意だった。そのため評判もよく、注文が相次いでなかなか多忙な日々を送っていたようだ。

そして１９１１年、宮城県の県知事寺田祐之氏から県営松島パークホテルの設計を依頼される。このホテルは内部が洋式、外観は日本の寺社建築のデザイン要素を取り入れた斬新なアイデアのもとに生まれたホテルだった。

寺田氏はちょうど広島県物産陳列館建設のときに宮城県から広島県に転任、パークホテルのデザインを気に入っていた氏はさっそく陳列館の設計者にヤンを指名したのである。ヤンはこれを生涯最高の仕事と受け止め、得意のセセッション様式を用いて独創的なデザインに仕上げたのだった。

たとえば外観からはわかりづらいが、ドームを球ではなく楕円形にしたり、また、陳列館の正面を川面に向け、美しい姿を水面に映すと同時に、水面から反射する光によって陳列館を輝かせるようにしたのである。

その後もヤンは上野精養軒、宮島ホテルなど和洋折衷の建物を設計していった。

彼は一度チェコに帰国し、日本とチェコスロバキアとの架け橋として両国の商業的な接触を図ったこともあった。その後、再来日するものの翌年には再びプラハに戻り、今度は日本の商社、鈴木有限会社のチェコ代表として日本で最初のチェコ製品の展示会を手掛けたりもした。

来日してすぐに日本語の読み書きをマスターし、また日本家屋に住み和服に親しんだヤン。彼は日本をこよなく愛し、通算15年を日本で過ごした。

しかし、病気のため残念ながら45歳という若さでこの世を去る。１９２５年12月のことだった。

もちろん、陳列館があのような形で崩れ去ったとは知る由もない。それだけでなく、ヤンの作品はのちの地震や台風、火事によってほとんどが崩壊してしまったのである。

いまとなっては、彼がこの世から去ったあとに原爆が投下されたのがせめてものなぐさめといえるだろう。

世界遺産登録までの長い道のり

徐々に落ち着きを取り戻してきた戦後、子供たちは原爆ドームを新たな遊び場とし、また海外からの里帰りや観光客、修学旅行生など大勢の人々が原爆ドームを訪れるようになった。

しかし、被爆してから放置されっぱなしだったドームは崩落しはじめ、周辺には雑草が生い茂ってきた。

そのうち、「不快感を残す」「あの日を思い出す」「原爆があの程度の威力しかないと勘違いされては困る」などといった理由から、原爆ドームを取り壊そうとする声があがってきたのである。その一方で、「いや戦争の傷跡を取り払ってはいけない」「原爆の恐ろしさを後世に、世界に伝えるべきだ」など保存を訴える声も多かった。

こうして撤廃を望む人と保存を望む人とのあいだで存廃議論が勃発、1962年(昭和37年)にはドームの周囲に金網が張られ、そして1964年(昭和39年)から翌年にかけて論議はピークに達した。

そして1966年(昭和41年)、広島市議会はドーム保存を全会一致で決議したのだった。ところが、保存の前には大きな問題が立ちはだかっていたのである。

大学教授が調査したところ、ドームは崩壊あるいは破砕寸前のきわめて危険度の高い状態になっていたのだ。ある構造学者は、現状のまま保存するのは不可能だ、とさえいったほど原爆ドームは悲惨な状態に置かれていたのである。

保存修理には莫大な費用がかかるが、とても市の予算だけでは賄いきれない。そこで市が考えたのが、募金活動だった。その結果、目標4000万円をはるかに上回る約6700万円が130万人もの手によって集められたのである。ソ連からは木材を送るので日本で売って資金にしてほしいという申し出があった。ちなみにこのときの修理は、レンガの隙間に強力な接着剤を注入して壁全体を固めたほか、櫓《やぐら》を取りつけて壁を支えるというものであった。

次に修理が行われたのは約20年後の1989年、平成元年のことである。このときの工事は長期保存のためのもので、総補修費は2億円と見込まれた。このうち1億円を市で、残り1億円を再び募金で賄った。募金は約3億7000万円集まり、打ち切ってもなお募金は届けられ、結局4億円近い基金が寄せられたのだった。

そして1996年、原爆ドームは市民、そして日本人の願いどおり世界遺産に登録された。しかし、ほかの遺産と異なり原爆ドームの登録はそう簡単にはいかなかったのである。

1996年12月2日、メキシコ・ユカタン半島の町、メリダにあるホテル、フィエスタ・アメリカーナ・メリダで第20回世界遺産委員会が行われた。遺産委員会は世界遺産条約の締結国のうち21カ国で構成され、コンセンサスを得て登録は決定される。現在、世界遺産は630件にものぼるが、問題が起きるようなことはほとんどなかった。ところが、原爆ドーム登録のコンセンサスを得ようとしたとき、中国の代表者がこう述べたのである。

「たとえ登録条件に当てはまるものとしても、多くの人々の安全保障を脅かす恐れがある。世界の平和と安全にはつながらない」

結局、中国は棄権という形を取ったが、これは事実上反対したことと同じである。その後、委員のコンセンサスを得てドームの登録は正式に決定したが、アメリカもまた合意しないという声明を発表した。理由は、「ドームは反人道性の象徴ではあるが世界遺産に合わない」というものだった。また、「日米関係にはまったく影響ない、日本とアメリカは世界でもっとも信頼密度の高い関係にある」とつけ加えることも忘れなかった。

世界遺産の文化遺産に登録されるための基準は記念的なモニュメント、遺跡、作品などでとくに芸術的にすぐれたものや人類の歴史を物語るものとなっている。原爆ドームはこれらの条件をけっして満たしているとはいえない。

しかし、同じく戦争の傷跡であるアウシュビッツ強制収容所の登録の際にも議論が分かれたが、結局、戦争の犯罪や被害者、そして過去の歴史を記憶に留めるのは人類の義務であるとして、1年延期の末、登録が決定したのである。

普通であれば、原爆ドームもこのアウシュビッツ強制収容所と同じような理由から登録されたものと思いがちだ。ところが、ユネスコ側はあくまでもドームは戦争記念物ではない、平和の記念物であると主張している。

そのため登録名は「Hiroshima Peace Memorial（Genbaku Dome）――広島平和記念碑（原爆ドーム）」。

一方、日本語の表記は遺産の固有名詞である「原爆ドーム」としている。

名目上、核兵器絶廃、戦争滅亡を願うために世界遺産に登録された原爆ドームだが、悲嘆、悲哀、恐怖、憎悪、そして平和、希望の象徴など人によってドームの捉え方はまったく異なる。しかし、人類の過ちを後世に伝えるべき重要な遺産であることには間違いないのだ。

第9章

聖の森の神秘と「山の神」の正体

白神山地

自然遺産 1993年

世界遺産の認定で、よりいっそう世界中の脚光を浴びることになった白神山地。ブナの原生林をはじめ古代の面影を存分に残し、天然記念物の貴重な動物たちが棲む手つかずの大自然は、その険しさゆえに、すべてが秘密のベールに包まれたままである。その中で唯一、白神山地が受け入れた人間・マタギの生活と、彼らが信仰する山の神の秘密とはいったいどのようなものだったのか。

●JR五能線＜陸奥黒崎駅＞下車　車10分　白神岳登山口から徒歩3時間30分で白神岳

●JR五能線＜八森駅＞下車　車50分　二ツ森登山口から徒歩1時間で二ツ森

日本最後の秘境に浮かび上がる危機

「陸奥《みちのく》」という言葉には、古くは『陸の果て』という意味があったそうだが、白神《しらかみ》山地《さんち》は、まさに陸の果てにある最後の秘境と呼ぶにふさわしい場所である。

青森県南西部と秋田県北西部、つまり本州の北の果てに位置し、両県にまたがる白神山地はブナの一大原生林である。森林総面積は約4万5000ヘクタールにもおよぶが、そのうちの1万6971ヘクタールが保護区のコアゾーンとして指定されている。山の一つひとつを単体で数えれば、白神岳《しらかみだけ》、二ツ森《ふたつもり》などを筆頭に、50近くにもなり、いわゆる白神山地とはそれらを総称して指すものである。

太平洋側に面するブナ林というのは、ブナと一緒に落葉樹や針葉樹が混ざるのが一般的だ。だが、白神山地のように日本海側に面している場合は、ほとんどがブナで形成される、純ブナ林。中でもマザーツリーと呼ばれるブナの老木はよく知られている。

また、ここには、ニホンツキノワグマやニホンカモシカのほか、天然記念物にもなっているイヌワシ、クマゲラなど、珍しい動物も多く棲んでいる。いまでは希少動物といわれるこれらの動物たちは、何本も流れる川の魚たち、そして、森林から沁み出る水や豊富な山菜によって生活が成り立っている。

極端な言い方をすると、山岳愛好者やアウトドア愛好者にとって、白神山地は地味な存在だった。なぜなら、主峰ともいうべき白神岳でさえ日本百名山にも指定されていないし、いずれもけっして標高が高いわけでもない。ほとんどの山は登山道がなく、トイレもない、秘境中の秘境だったわけである。

その白神山地が一躍脚光を浴びた理由は、やはり世界遺産の指定を受けたことに尽きる。それまで日本人ですら「白神山地」と聞いて、どこに位置し、どんな特徴を持った山岳地帯なのか、一部の愛好家を除けば詳しく説明できた人はけっして多くはなかったはずだ。つまり世界規模で評価されたことで、はじめて国内でも見直されたという珍しいケースの遺産なのである。

そんな存在だった白神山地は、いまやガイドブックなどにも気軽に登山案内が載るほどの人気ぶりをみせている。近年の秘境ブームも手伝ってか、実際登山者の数は毎年確実に激増しているそうだ。そうなると、おのずとクローズアップされるのが環境破壊の問題である。

世界的な自然遺産として承認された白神山地のブナ林。

いままで、ほとんど人の手が加わっていなかった原始の森では、外部の手がほんの少し加わっただけで多大な影響をおよぼす。木を1本伐採すれば沁み出る水の量が変わり、ゴミを1つ落とせば森の住民である動物たちの生態系が崩れる。

世界遺産へのきっかけともなった青秋《せいしゅう》林道の工事の中止問題にはじまり（白神山地を貫く青森と秋田を結ぶ林道。自然保護団体などにより反対運動が起こった）、キャンプ場やビジターセンターなど周辺観光施設の建設問題と、白神山地はここ数年で実に多くの問題を抱えてしまった。

その結果出されたのが「入山規制」というキーワードである。この問題はいまなお自然保護団体、地域自治体、そして国とで、是非をめぐって論争中であり、自然との共存の難しさをわれわれに突きつけている。

神聖な森に入る〝選ばれし者〟

「ほとんど人の手が加わっていない」といいつつも、白神山地には古くからの住人がいた。それがマタギである。

マタギとは、一口にいってしまえば山や森などで狩猟を行いながら生活をする人々のことだが、動物を射撃することを目的としたハンターとの決定的な違いは、古代からのしきたりを守り、糧としての動物を感謝しつつ狩猟するという点だ。

もともとは、白神山地南側にそびえる森吉山《もりよしざん》の麓の秋田県阿仁《あに》町が、マタギの本場といわれているが、白神山地もまた、マタギなくしては語れない場所なのである。登山道のないうっそうとした山などは、マタギの案内なしでは歩けないし、クマの出没する時間や場所といった知識の豊富さでも、マタギの右に出る者はいない。実際、いまでも登山者が入山するときは、マタギにガイドを頼むのだそうだ。

マタギは山に入る前に、まず山の神に祈りを捧げる。そして、入山後はシカリと呼ばれるマタギの頭領のもと、みな足並みをそろえ獲物を追う。とくにクマをしとめるときは慎重で、シカリの号令下、ムカイマッテと呼ばれる見張り役、ブッパと呼ばれる鉄砲手、セコと呼ばれる追い出し役と、役割分担を決めて挑む。

獲物はすべて「山の神から授かったもの」とし、感謝の礼と慰霊の儀式を行ってから解体する。もちろん授かりものは、少しも無駄にしたりはしない。肉、皮、血、骨、内臓と、すべて利用するのだ。

また、樹木を伐採するときも同様だ。いたずらに木を切るのではなく、食糧のための木の実、住居やカヌーとしての材木など、本当に必要とするときだけ斧を入れる。たとえ1本の木を切るときでも感謝の意を尽くすことは忘れない。「木を切る」ということは、山に住む者にとって「木の命をいただく」ということなのだ。

つまりマタギは、神聖な場所として森を信仰し、自然と共存して生活してきた。その証拠に、狩りの最中は、俗世間の言葉はいっさい使用しないという。日常生活の汚れた部分を山に持ち込んではならないというしきたりがあるからだ。

白神山地のブナ林は8000年の歴史を持ち、縄文時代の始まりとともに誕生したとされているが、マタギの生活スタイルや自然への交わり方のルーツも、やはり縄文人にあったのではないかといわれている。

だが、いまとなってはこうしたいわゆる伝承的なマタギも、10年ほど前にこの世を去ったシカリを最後にいなくなったようだ。もちろん、マタギの子孫や末裔はいても、本職として別の仕事を持っており、純粋に狩猟のみで生活をしているわけではない。また、観光客相手の「観光マタギ」の登場により、商売としてのマタギ業が成立しているのも事実だ。

伝承的なマタギの廃頽《はいたい》とともに、山の戒律や伝説は消滅しつつある。これも、白神山地の現状の1つなのである。

岩木山と山岳信仰のミステリー

さて、こういった山々には山岳信仰という古くからの信仰がつきものであるが、白神山地も例外ではない。だが、それを説明する前に、白神山地の北部にある青森県の岩木山の話をしなくてはならない。

岩木山は「津軽富士」ともいわれる東北地方きっての名峰だ。そこではやはり、岩木山信仰なるものが存在し、祖先の霊が宿る山として津軽の人々のあいだで厚く信仰されてきた。岩木山は別名「巌鬼山《いわきやま》」ともいわれており、その名のとおり、ここでの信仰は「石神《いしがみ》信仰」である。岩木山の中腹には、高さ3メートルを超す巨大な岩を御神体として祀っている大石神社があり、岩そのものは俗界と霊界を区別する石神様とされている。

この石については、陸奥に古くから伝わる謎の歴史書「東日流外三郡誌《つがるそとさんぐんし》」にも記されており、霊山を鎮める石塔《せきとう》として伝えられているのである。

実は、その岩木山と白神岳は姉妹であるという一説がある。

その昔、ある神の姉妹がいた。姉神より美しかったのが妹神で、妹神は山として最も美しい岩木山のほうを選び登った。そして、どちらかというと美しくない姉は、白神岳に居を定めたというのである。この神が石の神だったのかどうかまでは正確には記されていないが、いまでも、白神岳の麓にある岩崎村周辺では、岩木山を「下の神様」、白神岳を「上の神様」と呼んでいるという。

また一方で、岩木山、白神岳ともに、その信仰のルーツは、加賀《かが》の白山《はくさん》にあるという説もある。

古来より日本の三名山の1つとして知られる加賀の白山は、山岳信仰の総本山だった。それが派生したのが、東北地方に古くから伝わる「オシラサマ信仰」で、岩木山にもその信仰は伝えられている。さらに、「オシラサマ」の正しい名称は「白神」だというのである。実際、白神岳の山頂にも、御神体が祀られてあったとみられる祠があり、そこはオシラサマの奥宮だったのではないかという説もある。

では、東北地方でいう「オシラサマ」は何かというと、養蚕の神、豊穣の神、さらには生殖の神と諸説あり、詳しいことはわかっていない。だが、いずれにせよ山岳信仰と密接なつながりがあったことは間違いないのである。

マタギたちのあいだでもさまざまな伝説があり、たとえば、白神山地の中心より西側に位置する真瀬岳《ませだけ》の「オチブの沢」では、12人のマタギが奇妙な遭難をしたという言い伝えがある。

川をわたろうとした一行が、先頭の合図で山の斜面を下りていったが、誰一人として対岸にたどり着かなかった。最後の一人が川をのぞいて見ると、全員不思議と溺死していたというのだ。マタギたちは、これを「神の祟り」ととらえ、それ以来けっして12人では山に入らないのだそうだ。

どの説の、どの神が、白神山地に宿っていたのか、そしてマタギたちが信じていた山の神の正体が何だったのか、本当のところはいまだに誰も明言できないのだが、文明を拒み続けた原始の森では仕方あるまい。広大な面積の森は人間が踏み込める領域の限界を思わせるうえ、周囲には、たくさんの人間が住んでいるのである。

つまり、山岳信仰の真実がわからないのは、未開の地ゆえに、それぞれがそれぞれの白神山地像を作り上げたからではないだろうか。

そんななか、ただ1つだけいえることは、誰もが白神山地を神の住む山として崇《あが》め、大切に思い、長く信仰し続けてきたという事実だけなのである。

白神山地はまさに日本における最大の密林といっていい。だからこそ、神秘性は増すばかりで、1度存在を知ってしまったら、思いを馳せてしまうのである。

第10章

閉ざされし郷《さと》の秘められた物語

白川郷・五箇山の合掌造り集落

文化遺産 1995年

名古屋から6時間、世間から隔絶されたこの豪雪地帯に、ほかに類を見ない独特な建築構造の家が誕生したのは数百年前。その家屋では、生業として和紙作りや養蚕が営まれる一方、秘密裏に火薬の原料が作られていた。驚くべきことに、これらはすべて一体化し合理的に作業が進められていたのである。合掌造りという家、そして人々の暮らしは果たしてどのようなものだったのか。

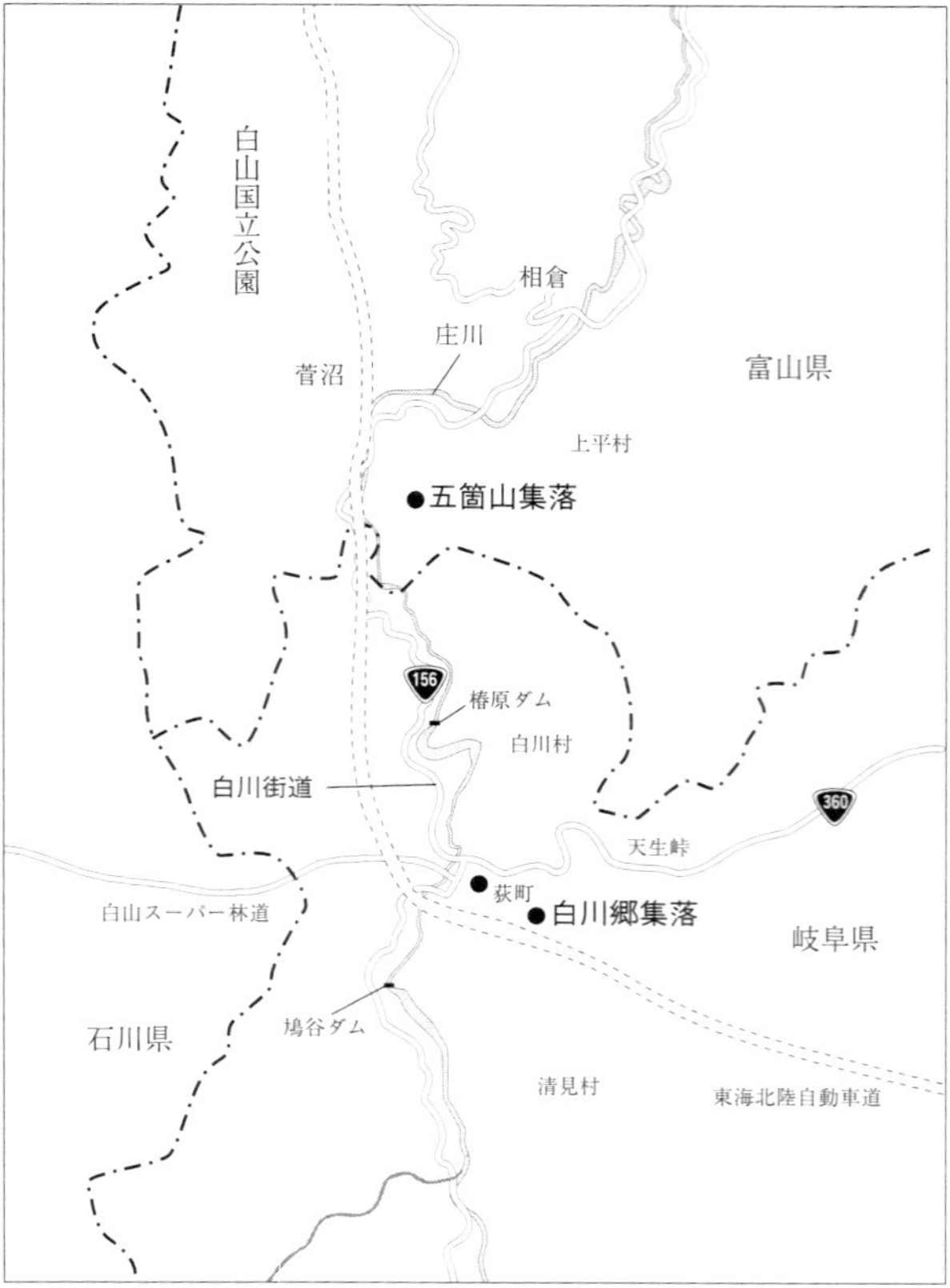

●白川郷……JR高山本線〈高山駅〉下車　バス2時間、JR〈金沢駅〉下車スーパー林道1時間30分、東海北陸自動車道名古屋からバスで5時間40分
●五箇山……JR高岡駅からバスで約2時間、福光IC下車

豪雪の中に佇む巨大な茅葺きの家

岐阜県飛騨《ひだ》白川郷《しらかわごう》と富山県越中五箇山《ごかやま》地方は、標高2702メートルの白山《はくさん》の東側、庄《しょう》川に沿って隣接する山村である。このあたり一帯は深い山岳地帯で、国内でも有数の豪雪地帯であることから電気が通ったのは数十年前。それまでは交通機関にも恵まれず、外部との接触は最小限に限られていた。

このように世間から隔絶されたうえ、長いあいだ閉ざされた地域であったからこそ逆に独自の文化や独特の伝統、社会が誕生し今日まで受け継ぐことができたのである。

その独自の文化の1つが合掌造り《がっしょうづく》と呼ばれる、この地域だけに存在する木造と茅《かや》葺《ぶ》きの家屋だ。専門的にいうと、「サス構造の切妻《きりづま》造り屋根とした茅葺き家屋」である。

サス構造とは2本の柱をハの字型に開いて頂部を連結して作る屋根構造のことで、ちょうど厚紙を2つ折りにして伏せたような形をしている。天に向かって合掌する手の形にも捉えられ、それがこの名の由来ともいわれている。

合掌造りは釘やカスガイはいっさい使用せず、木や藁、竹など周辺から収穫できる自然の素材のみで建てられた家で、屋根が急勾配になっているのが特徴だ。その歴史は古く、すでに４００年前には建てられていたという。

現存する合掌造りはおよそ１００棟。19世紀末には白川郷と五箇山地方を合わせて１８００棟以上建っていたというが、やむなくダムの下に沈んだり、離村、あるいは押し寄せる近代化の波によって取り壊したり建て替えるなどして、1世紀のあいだに90パーセント以上が姿を消している。

そうした中、いまでも合掌造りを中心とした農山村である白川村荻町《おぎまち》と富山県平《たいら》村相倉《むらあいのくら》、そして上平村菅沼《かみたいらむらすがぬま》の３つの集落の合掌造りが１９９5年に世界遺産に登録された。荻町は59棟の合掌造り家屋と伝統的建造物、水路や神社の社叢《しゃそう》などが、相倉は20棟の合掌造り家屋と土蔵や石垣などが、菅沼は9棟の合掌造り家屋と土蔵や社叢などが登録の対象となっている。

コンクリートでもレンガでもない茅葺きの合掌造りは一見、簡素で脆弱そうな印象を与える。しかし、この地に住む人々の叡智が集結されてできた生活の基盤であるがゆえに、当然のことながら湿った重たい雪にも、また強風にも耐え得る構造になっているのだ。

さて、そんな合掌造りとはいったいどんな建物なのだろうか。

世界の建築家が絶賛した合掌造りの構造

1935年（昭和10年）、ドイツの建築学者ブルーノ・タウトは白川郷を訪れ、こう絶賛したという。

「合掌造りは建築学上非常に合理的で、かつ論理的な建築物だ！」

タウトが自著の中で合掌造りを紹介したことによって、合掌造りは世界各国の建築家や学者たちから注目を浴びるようになり、当時から研究のために訪れる外国人が少なくなかった。しかし、専門家たちがいくら調査してもいまだに解明されない点が多いという。

合掌造りの建造方法はこうだ。まず土台となる石場を地面に固く打ちつけ、その上に柱を1間ごとに立てていく。柱に横木などをわたしたり小壁を作るなどして基礎ができたら1階部分の床を作る。そして2階部分の両端から2本の柱をハの字型に合わせたハスを次々と立て、蔓木と藁縄のみで締め、屋根の骨組みを仕上げていく。その角度はおよそ60度。サス構造の屋根は通常45度前後だが、合掌造りは傾斜がきつい。

こうして枠組みが完成すると、何千から何万という束の茅を屋根に葺くのである。数十年ごとに行われる葺き替え作業は村人総出で行われる。その数、おおよそ１００人から２００人という。これだけの大人数で一斉に作業を行うのにはわけがある。生活している家の屋根を剥ぐため、１日で仕上げなければ生活できないからだ。その日だけほかの家に泊めてもらうというわけにもいかないのである。ただし、現在はビニールシートの普及で2日がかりで行われるようになったという。

ちなみに葺き替え前まで使用されていた茅は肥やしとして、あるいは除草の手間を省くために遮光用として畑にまいたり、また防寒や雪垣などに再利用されている。

完成した合掌造りの内部は思った以上に広い。１階部分はいろりのある応接間「おもや」、客室あるいは男性の寝室に使われる「でい」、仏間の「ないじん」、賓客の間「おくのでい」、家長の寝室「おくのちょうだ」、女性の寝室「ちょうだ」、台所の「だいどこ」、そして馬や牛を飼育した部屋「まや」のほかトイレや風呂場などで構成されている。間取りや呼び方は地域によって若干、異なるという。

また1階の上は1層、2層、3層といくつかの層に分かれており、竹を編んだすのこが並べられている。外からは大きな1階建ての家にしか見えないが、3階、4階、中には5階建ての家もあるという。ところで他地域のサス構造の家はたいてい、層の部分は物置小屋として使用されているが、合掌造りでは主要な産業であった養蚕作業の場であり、家によっては1階と層のあいだに中2階を設けて家人の寝室として使用することもあったようだ。

合掌造りはこのように茅葺きでサス構造、切妻造りという構造でできているが、実はこれはこの地方にしか見られない独特の建築方法なのだ。

通常、サス構造の家の屋根は四方に流れる寄棟《よせむね》造り、あるいは上が2方向に、その下が4方向に流れる入母屋《いりもや》造りである。サス構造の場合、天井の上の部分が弱いということもあり、4方向に流れるようにして、できるだけ天井上部の負担を和らげているのだ。

ではなぜ、合掌造りは切妻造りを用いているのだろうか。第一に考えられるのが、屋根の上の積雪を防ぐために急勾配の屋根にしなければならないということだ。寄棟造りや入母屋造りでは、雪が降った分だけ屋根全体にどっかりと積もってしまう。その点、切妻造りの屋根は雪が自然に滑り落ちて行く、というわけだ。ところが年末から1月は気温が下がり、雪が屋根に張りついてしまい巨大なふとんをかけたようになってしまうという。そのため、柄の長いコスキという道具を使って雪下ろしをしなければならないが、雪下ろしをするにしても、切妻造りのほうが便利であることは間違いない。

また、養蚕を行うには光や風を取り込まなければならない。つまり、窓を設けなければならないのだ。切妻造りは側面全体が壁になっているため、風や光を遮るものがなく、窓を作るのに非常に有利なのである。

それにしても切妻造りの屋根構造というだけで、果たして雪の重みに家全体が耐え得ることができるのだろうか。実は雪の重さでつぶれないのは、ほかにもいくつかの理由があるのだ。屋根の柱は藁編みでくくりつけられているが、これが重要なポイントの1つなのだ。つまり、木が持つ本来の柔軟性と縄のしなやかさとによって、屋根全体がトランポリンのような役割を果たしているのである。

また、屋根の頂部をきちんと水平にせず丸みを持たせていることも大きく関係している。水平にするとどうしても中央に雪が集まり、そこだけが雪の重みでへこんでしまうのである。さらにはすべて自然の木を使用し、曲がっていても曲がったまま、年輪のすじを切り落とすことなく自然のまま使用していることも頑丈の秘訣である。

さらに1階のいろりの煙が上層に舞い上がり、防虫効果のほか屋根の柱をしばりつけている縄などの強化の役目を果たしているのも特筆すべきことだ。ちなみに、いろりにいぶされた古茅を桑畑に広げておくと、質のよい桑ができ繭の収量も上がったのである。こうした数々の知恵は、永年の経験によって培われてきたものである。このように部分部分が強度と耐久性を保っていることから、建物全体がさまざまな重みに耐えられるようになっているのだ。

ところで、荻町最大かつ最古の合掌造りは和田家である。築後400年を経たいまもなお住宅として使用されているが、なんと一時は数十人もの人が住んでいたという。ところが驚くべきことに、この地方のどの家もかつては10数人から20人が一つ屋根の下に住んでいたのだ。これだけの人数がいれば、屋根の葺き替えどきに他の家に泊めてもらうのも一苦労であることは容易に想像できる。

山村に伝えられた密やかな物語

ではなぜ、どこの家もこれだけの大人数で暮らしていたのだろうか。

白川郷や五箇山地方は山間地のため、水田が少なく畑地と焼き畑でヒエやアワ、ソバなどを栽培していたが、それは細々としたものだった。17世紀以降もっとも重要な産業となったのが、和紙作りと養蚕である。

和紙作りは家族総出で行う家内手工業で、紙すきの技術には自家秘伝があったという。養蚕は各家屋の上層部で行われ、かいこを育て生糸をつむぐまでの一環作業であった。これはおもに女性の仕事で、娘が嫁に行ってしまうと人手が減ってしまうため、嫁には出さなかったのである。

また、畑も広さが限られているため、息子に畑を分けて分家させることができず、息子もまた家に残っていた。この地方では、家長となる長男のみが正式に結婚できたのである。それでは、弟姉妹たちは一生独身のままかというとそうではない。住むのは生まれた家であるが、妻訪婚《つまどいこん》といって、男性が女性のもとを訪れるという結婚の形式をとっていたのだ。

つまり、1つの家に家長夫婦、家長の父母、長男夫婦、長男以外の子供たち、家長の弟姉妹、その子供たちといった具合に、父、母、祖父、祖母、叔父、伯母、いとこ、姪、甥、孫など一族が数世代にわたって一緒に住む、大家族制がとられていたのだ。そのため、これだけ大規模な家が造られるようになったのである。

ほとんどの家が南北に妻を向けて建つ白川郷の合掌造り。

ちなみに養蚕は1970年ごろまで続いていたが、いまではいっさい行われていない。もちろん妻訪婚も昔の話になってしまった。

さて、五箇山地方ではその閉ざされた地と合掌造りの大きな家、そして養蚕を利用して盛んとなった重要な産業がある。それは17世紀中ごろから密かに始まった塩硝作りである。塩硝とは硝酸カリウムのことで、鉄砲火薬や花火火薬の原料である。これは重要な軍用物資であった。そのため、地域の支配者によって厳しく統制され、またその一方で庇護もされていた。

塩硝の生産方法はこうである。まず、夏のあいだにヨモギやサク、ムラタチなどの草を刈り、麻畑にカイコの糞を混ぜておく。次に縁の下に人が立てるくらいの深さに穴を掘り、そこへ草、麻畑の土、草を交互に重ね入れ上から小便をかけて4、5年熟成させ塩硝土を作る。年に3回くらいは掘り出して、草などを加える。そして冬にそれを精製して硝酸カリウムを抽出するのだった。

村の全戸で粗塩硝を製造し、それを上位の農家が精製するというのが大方のやり方だった。この塩硝は年貢の品として藩が生産させていたもので、農村の米作りに匹敵するぐらいの産物であったという。

他藩の塩硝は床下の土を取り集めて製造する方法だったが、この地方では有機物を加え熟成させた方法で製造され、質量ともに国内随一といわれたほどであった。そのため生産の秘密性を固持しようとする藩は、外部との接触にはとくに目を光らせていたという。その一方で、藩は和紙を庁用の帳面や障子紙として買上げ、農民のかせぎを援助していたのである。

このように冬季の抽出作業や厳しい統制など、ここはまさに塩硝作りにはうってつけの地だったのである。

また、この塩硝造りこそが合掌造りの家を発展させてきたともいわれているのだ。穴を掘るためには床下を高く設け、基礎をしっかりと作らねばならない。また家の広さと生産量は比例するので、生産量を増やすために家を広くしていった。このように家屋の構造の発展を促したのが塩硝作りだったのである。

ところで、このように外部との交渉が少なく、冬場は屋内でのみ作業を行う彼らにとっての唯一の楽しみは酒であった。酒といってもどぶろくであるが、７００余年前にすでにどぶろくは祭礼に用いられていたというほど、この地におけるどぶろくの歴史は古い。明治以降は酒税法により神社以外、一般家庭で作ることは禁止されたものの、どの家庭も密造していたようである。村には、税務署の調査員の目をごまかすために、どぶろくの入った瓶を抱えいまにもお産をするような恰好をしていたとか、税務署員がくる前に牛に飲ませてしまったなどの話がいくつも残されている。現在でもどぶろく祭は続けられ、大勢の観光客が訪れる1年の大きな行事となっている。

またかつては食料の調達もままならず、米や塩、魚などは3日もかけて買いに行っていたという。中でも塩は「塩のばちは親のばちより3日早い」、つまり塩を粗末にすると親のばちよりも3日は早く訪れるといわれるほど大事にされた。塩は酒と同様、もしくはそれ以上に貴重品であったのだ。

合掌造りに込められたメッセージ

ところで白川郷、五箇山地方ともに源氏と平氏の戦いで破れた平家の落人伝説が語り継がれている。北茎という人物が著した『北国巡杖記』に平家の落人がこの地にきたと書かれているが、真実かどうかは定かではない。しかし、専門家によれば合掌造りや塩硝作りなどの高度な技術を持っていた彼らに、強力な指導者がいたことは、間違いないという。平家の落人伝説や、五箇山は加賀藩の流刑地だったなど、隔絶された地であることから悲哀に満ちた話が多いのもこの地ならではである。

一方、団結力が強いのも地理的および自然的要因が厳しいゆえと考えられる。この地方には江戸時代から続く組と呼ばれる互助組織があり、とくに白川村では「結《ゆい》」「合力《こうりやく》」という、目には見えないつながり、相互扶助の精神を表した言葉がよく使われる。

たとえば、合掌作りの屋根の葺き替えは「結」で行うといった具合に、冠婚葬祭の準備も除雪作業、そのほかの行事などすべて「結」で行うのだ。

また、合掌造りのどの家も仏間は広く立派な仏壇が置かれている。これは、浄土真宗信仰が根づいているからである。1255年ごろ、白川郷では親鸞《しんらん》聖人の弟子、嘉念坊善俊《かねんぼうぜんしゅん》上人がこの地に道場を開いて飛騨における真宗発展に努めた。一方、五箇山では1475年ごろ道宗が真宗を広めていった。どの墓にも「南無阿弥陀仏」と彫られていることからも信仰の厚さが窺えるが、これも隔絶された地にやってきた2人の和尚に敬意を評してのことである。

それればかりか、信仰の厚さは合掌造りそのものにも表れているという説がある。嘉念坊善俊上人が開いた道場というのは、12メートル四方の茅葺きの道場であったが、まるで合掌造りを縮小したような姿形をしているのだ。これに注目したある歴史家は、合掌造りはこの道場が発達したものだと推測している。

また、人々の楽しみの1つに報恩講（この地方での呼び名はホンコサマ）がある。これは、親鸞聖人に対する真宗門徒の報恩感謝の仏事で、住職を家に招いてお経をあげ説教をしてもらい、手作りの精進料理をふるまうのである。このときに用いる膳はすべて黒塗りの漆器を使用する。

さて現在、合掌造りが抱える大きな問題の1つが火災である。荻町では、以前は風の強い日は風呂焚きは禁止されていた。いまでも花火はたとえ線香花火でも禁止されている。また、1日4回の見回りは欠かさない。万が一火災が発生したときは消火栓が一斉に開かれ、合掌全体を水が包み込むという放水銃が至るところに設置されている。また温暖化も悩みの1つである。なぜなら、雪下ろしをするとコケやよけいな草も一緒に落とせたのだが、温暖化によって雪は以前より降らなくなり、コケ落としもままならなくなってしまったのである。

約1万年前、すでにこのあたりには人が住みついていたという。いまに存続する集落は、まさしく1万年という長い歴史のあいだに育くまれた先人たちの知恵そのものといえよう。それをいかに後世に残していくかが、現代人に課せられた重要な課題なのである。

4. ボン・ゼズス・ド・コンゴーニャス聖堂　文化遺産①④　1985年
5. イグアス国立公園　自然遺産③④　1986年　危機遺産1999年
6. ブラジリア　文化遺産①④　1987年
7. セラ・ダ・カピバラ国立公園　文化遺産③　1991年
8. グアラニー人のイエズス会伝道所
文化遺産④　1983年/1984年
9. サンルイス歴史地区　文化遺産③④⑤　1997年
10. 大西洋沿岸南東部森林保護区　自然遺産②③④　1999年
11. ディアマンティーナ歴史地区　文化遺産②④　1999年

ベネズエラ共和国

Republic of Venezuela　首都 カラカス　世界遺産の数 2

1. スペイン植民地時代の古都コロ　文化遺産④⑤　1993年
2. カナイマ国立公園　自然遺産①②③④　1994年

ペルー共和国

Republic of Peru　首都 リマ　世界遺産の数 9

1. クスコ市街　文化遺産③④　1983年
2. マチュ・ピチュ歴史保護区　複合遺産（自然②③　文化①③）1983年
3. チャビン　文化遺産③　1985年
4. ワスカラン国立公園　自然遺産②③　1985年
5. チャン・チャン遺跡　文化遺産①③　1986年　危機遺産1986年
6. マヌー国立公園　自然遺産②④　1987年
7. リマ歴史地区　文化遺産④　1988年/1991年
8. リオ・アビセオ国立公園　複合遺産（自然②③④　文化③）1990年/1992年
9. ナスカおよびフマナ平原の地上絵　文化遺産①③④　1994年

ボリビア共和国

Republic of Bolivia　首都 ラパス　世界遺産の数 4

1. ポトシ市街　文化遺産②④⑥　1987年
2. チキトスのイエズス会伝道施設　文化遺産④⑤　1990年
3. スクレ歴史都市　文化遺産④　1991年
4. サマイパタの砦　文化遺産②③　1998年

3. イグアス国立公園　自然遺産③④　1984年
4. バルデス半島　自然遺産④　1999年
5. クエバ・デ・ラス・マノス、リオ・ピントゥラス　文化遺産③　1999年

ウルグアイ東方共和国

Oriental Republic of Uruguay　首都 モンテビデオ　世界遺産の数 1

1. コロニア・デル・サクラメントの歴史地区　文化遺産④　1995年

エクアドル共和国

Republic of Ecuador　首都 キト　世界遺産の数 4

1. ガラパゴス諸島　自然遺産①②③④　1978年
2. キト市街　文化遺産②④　1978年
3. サンガイ国立公園　自然遺産②③④　1983年　危機遺産1992年
4. サンタ・アナ・デ・ロスリオス・クエンカの歴史地区　文化遺産②④⑤　1999年

コロンビア共和国

Republic of Colombia　首都 サンタフェデボゴタ　世界遺産の数 5

1. カルタヘナ港、要塞、建造物群　文化遺産④⑥　1984年
2. ロス・カティオス国立公園　自然遺産②④　1994年
3. サンタ・クルーズ・モンポスの歴史地区　文化遺産④⑤　1995年
4. ティエラデントロ国立歴史公園　文化遺産③　1995年
5. サン・アグスティン歴史公園　文化遺産③　1995年

セントクリストファー・ネイビス

St.Christopher and Nevis　首都 バステール　世界遺産の数 1

1. ブリムストーン・ヒル要塞国立公園　文化遺産③④　1999年

チリ共和国

Republic of Chile　首都 サンティアゴ　世界遺産の数 1

1. ラパ・ヌイ国立公園　文化遺産①③⑤　1995年

パラグアイ共和国

Republic of Paraguay　首都 アスンシオン　世界遺産の数 1

1. ラ・サンティシマ・トリニダード・デ・パラナ、ヘスス・デ・タバランゲ、サントス・コスメ・イ・ダミアンの各イエズス会伝道所
文化遺産④　1993年

ブラジル連邦共和国

Federative Republic of Brazil　首都 ブラジリア　世界遺産の数 11

1. オウロ・プレート歴史都市　文化遺産①③　1980年
2. オリンダ歴史地区　文化遺産②④　1982年
3. サルバドール・デ・バイア歴史地区　文化遺産④⑥　1985年

ベリーズ

Belize　首都 ベルモパン　世界遺産の数 1

1. ベリーズ珊瑚礁保護区　自然遺産②③④　1996年

ホンジュラス共和国

Republic of Honduras　首都 テグシガルパ　世界遺産の数 2

1. コパンのマヤ遺跡　文化遺産④⑥　1980年
2. リオ・プラターノ生物圏保護区　自然遺産①②③④　1982年　危機遺産1996年

メキシコ合衆国

United Mexican States　首都 メキシコシティ　世界遺産の数 21

1. シアン・カアン　自然遺産③④　1987年
2. パレンケ古代都市と国立公園　文化遺産①②③④　1987年
3. メキシコシティ歴史地区とソチミルコ　文化遺産②③④⑤　1987年
4. 古代都市テオティワカン　文化遺産①②③④⑥　1987年
5. オアハカ歴史地区とモンテアルバン遺跡　文化遺産①②③④　1987年
6. プエブラ歴史地区　文化遺産②④　1987年
7. グアナファット歴史都市と銀山廃坑　文化遺産①②④⑥　1988年
8. チチェン・イッツァ　文化遺産①②③　1988年
9. モレリア歴史地区　文化遺産②④⑥　1991年
10. エル・タヒン古代都市　文化遺産③④　1992年
11. エル・ビスカイノの鯨保護区　自然遺産④　1993年
12. サカテカス銀山遺構　文化遺産②④　1993年
13. バハ・カリフォルニア・スール州サン・フランシスコ山地の岩絵
    文化遺産①③　1993年
14. ポポカテペトル山麓の16世紀初頭修道院群　文化遺産②④　1994年
15. ケレタロ歴史地区　文化遺産②④　1996年
16. ウシュマル古代都市　文化遺産①②③　1996年
17. グアダラハラのカバニャス孤児院　文化遺産①②③④　1997年
18. トラコタルパンの歴史的建造物地域　文化遺産②④　1998年
19. カサス・グランデスのパキメ考古学地域　文化遺産③④　1998年
20. ソチカルコの古代遺跡地帯　文化遺産③④　1999年
21. カンペチェ歴史的要塞都市　文化遺産②④　1999年

南アメリカ　South America

アルゼンチン共和国

Argentine Republic　首都 ブエノスアイレス　世界遺産の数 5

1. ロス・グラシアレス　自然遺産②③　1981年
2. グアラニー人のイエズス会伝道所　文化遺産④　1983年／1984年

キューバ共和国

Republic of Cuba　首都 ハバナ　世界遺産の数 5

1. オールド・ハバナと要塞　文化遺産④⑤　1982年
2. トリニダードとインヘニオス渓谷　文化遺産④⑤　1988年
3. サンティアゴ・デ・クーバのサン・ペドロ・ロカ要塞　文化遺産④⑤　1997年
4. グランマ号上陸記念国立公園　自然遺産①③　1999年
5. ビニャーレス渓谷　文化遺産④　1999年

グアテマラ共和国

Republic of Guatemala　首都 グアテマラシティ　世界遺産の数 3

1. ティカル国立公園　複合遺産（自②④　文①③④）1979年
2. アンティグア・グアテマラ　文化遺産②③④　1979年
3. キリグア遺跡公園　文化遺産①②④　1981年

コスタリカ共和国

Republic of Costa Rica　首都 サンホセ　世界遺産の数 3

1. タラマンカ地方 - ラ・アミスタッド保護区群／ラ・アミスタッド国立公園　自然遺産①②③④　1983年/1990年
2. ココ島国立公園　自然遺産②④　1997年
3. グァナカステ保護地区　自然遺産②④　1999年

ドミニカ共和国

DominicanRepublic　首都 サントドミンゴ　世界遺産の数 1

1. サント・ドミンゴ植民都市　文化遺産②④⑥　1990年

ドミニカ国

Commonwealth of Dominica　首都 ロゾー　世界遺産の数 1

1. モゥーン・トロア・ピトン山国立公園　自然遺産①④　1997年

ハイチ共和国

Republic of Haiti　首都　ポルトープランス　世界遺産の数 1

1. シタデル、サン・スーシー、ラミエール国立歴史公園　文化遺産④⑥　1982年

パナマ共和国

Republic of Panama　首都 パナマ　世界遺産の数 4

1. カリブ海側にあるポルトベロ・サン・ロレンソ要塞　文化遺産①④　1980年
2. ダリエン国立公園　自然遺産②③④　1981年
3. タラマンカ地方 - ラ・アミスタッド保護区群／ラ・アミスタッド国立公園　自然遺産①②③④　1983年/1990年
4. サロン・ボリバルのあるパナマ歴史地区　文化遺産②④⑥　1997年

5. タッシェンシニ・アルセク・クルエーン国立公園／ランゲールセントエライアスおよび自然保護区とグレイシャーベイ国立公園
自然遺産②③④　1979年/1992年/1994年
6. 独立記念館　文化遺産⑥　1979年
7. レッドウッド国立公園　自然遺産②③　1980年
8. マンモスケーブ国立公園　自然遺産①③④　1981年
9. オリンピック国立公園　自然遺産②③　1981年
10. カホキア土塁跡地　文化遺産③④　1982年
11. グレート・スモーキー山脈国立公園　自然遺産①②③④　1983年
12. ラ・フォルタレサとサン・ファン歴史地区　文化遺産⑥　1983年
13. 自由の女神像　文化遺産①⑥　1984年
14. ヨセミテ国立公園　自然遺産①②③　1984年
15. チャコ文化国立歴史公園　文化遺産③　1987年
16. シャーロッツビルのモンティセロとバージニア大学　文化遺産①④⑥　1987年
17. ハワイ火山国立公園　自然遺産②　1987年
18. タオスのアメリカ先住民居留地　文化遺産④　1992年
19. カールスバッド洞窟国立公園　自然遺産①③　1995年
20. ウォータートン・グレーシャー国際平和自然公園
自然遺産②③　1995年

エルサルバドル共和国

Republic of El Salvador　首都　サンサルバドル　世界遺産の数　1

1. ホヤ・デ・セレンの考古学遺跡　文化遺産③④　1993年

カナダ

Canada　首都　オタワ　世界遺産の数　13

1. ランゾー・メドーズ国立歴史公園　文化遺産⑥　1978年
2. ナハンニ国立公園　自然遺産②③　1978年
3. アルバーター州恐竜公園　自然遺産①③　1979年
4. タッシェンシニ・アルセク・クルエーン国立公園／ランゲールセントエライアスおよび自然保護区とグレイシャーベイ国立公園
自然遺産②③④　1979年/1992年/1994年
5. アンソニー島　文化遺産③　1981年
6. ヘッド・スマッシュト・イン・バッファロー・ジャンプ　文化遺産⑥　1981年
7. ウッドバッファロー国立公園　自然遺産②③④　1983年
8. カナディアン・ロッキー山脈公園　自然遺産①②③　1984年
9. ケベック歴史地区　文化遺産④⑥　1985年
10. グロスモーン国立公園　自然遺産①③　1987年
11. ルーネンバーグ旧市街　文化遺産④⑤　1995年
12. ウォータートン・グレーシャー国際平和自然公園
自然遺産②③　1995年
13. ミグアシャ公園　自然遺産①　1999年

2. バールベック　文化遺産①④　1984年
3. ビブロス　文化遺産③④⑥　1984年
4. ティール　文化遺産③⑥　1984年
5. カディーシャ渓谷と神の杉の森　文化遺産③④　1998年

オセアニア　Oceania

オーストラリア

Australia　首都 キャンベラ　世界遺産の数 13

1. カカドゥ国立公園　複合遺産（自然②③④　文化①⑥）1981年/1987年/1992年
2. グレート・バリアリーフ　自然遺産①②③④　1981年
3. ウィランドラ湖群地方　複合遺産（自然①　文化③）　1981年
4. タスマニア原生国立公園　複合遺産（自然①②③④　文化③④⑥）1982年/1989年
5. ロードハウ諸島　自然遺産③④　1982年
6. 中東部オーストラリアの多雨林保護区　自然遺産①②④　1986年/1994年
7. ウルル・カタジュタ国立公園　複合遺産（自然②③　文化⑤⑥）1987年/1994年
8. クィーンズランドの湿潤熱帯地域　自然遺産①②③④　1988年
9. 西オーストラリアのシャーク湾　自然遺産①②③④　1991年
10. フレーザー島　自然遺産②③　1992年
11. リバースリーとナラコートの哺乳類の化石保存地区　自然遺産①②　1994年
12. ハード島とマクドナルド諸島　自然遺産①②　1997年
13. マックォーリー島　自然遺産①③　1997年

ソロモン諸島

Solomon Islands　首都 ホニアラ　世界遺産の数 1

1. イースト・レンネル　自然遺産②　1998年

ニュージーランド

New Zealand　首都 ウェリントン　世界遺産の数 3

1. テ・ワヒポウナム　自然遺産①②③④　1990年
2. トンガリロ国立公園　複合遺産（自然②③　文化⑥）1990年/1993年
3. ニュージーランドの亜南極諸島　自然遺産②④　1998年

北アメリカ　North America

アメリカ合衆国

United States of America　首都 ワシントン　世界遺産の数 20

1. メサ・ベルデ　文化遺産③　1978年
2. イエローストーン　自然遺産①②③④　1978年、危機遺産　1995年
3. グランド・キャニオン国立公園　自然遺産①②③④　1979年
4. エバーグレーズ国立公園
   自然遺産①②④　1979年、危機遺産　1993年

1. バゲルハートのモスク都市　文化遺産④　1985年
2. パハルプールの仏教寺院遺跡　文化遺産①②⑥　1985年
3. サンダーバンズ　自然遺産②④　1997年

パキスタン・イスラム共和国

Islamic Republic of Pakistan　首都 イスラマバード　世界遺産の数 6

1. モヘンジョダロ遺跡　文化遺産②③　1980年
2. タキシラ　文化遺産③⑥　1980年
3. ダフティバーイとサフティバフロルの仏教遺跡　文化遺産④　1980年
4. タッタの歴史的建造物　文化遺産③　1981年
5. ラホールの城塞とシャリマール庭園　文化遺産①②③　1981年
6. ロータス要塞　文化遺産②④　1997年

フィリピン共和国

Republic of the Philippines　首都 マニラ　世界遺産の数 5

1. トゥバタハ岩礁海洋公園　自然遺産②③④　1993年
2. フィリピンのバロック様式の教会群　文化遺産②④　1993年
3. フィリピン・コルディリェラ山脈の棚田　文化遺産③④⑤　1995年
4. プエルトープリンセサ地下河川国立公園　自然遺産③④　1999年
5. ヴィガン歴史地区　文化遺産②④　1999年

ベトナム社会主義共和国

Socialist Republic of Viet Nam　首都 ハノイ　世界遺産の数 4

1. フエの建造物群　文化遺産④　1993年
2. ハーロン湾　自然遺産③　1994年
3. 古都ホイアン　文化遺産②⑤　1999年
4. ミーソン聖域　文化遺産②③　1999年

ヨルダン・ハシミテ王国

Hashemite Kingdom of Jordan　首都 アンマン　世界遺産の数 3

1. ペトラ　文化遺産①③④　1985年
2. アムラ城塞　文化遺産①③④　1985年
3. エルサレム旧市街とその城壁　文化遺産②③⑥　1981年　危機遺産　1982年

ラオス人民民主共和国

Lao People's Democratic Republic　首都 ビエンチャン　世界遺産の数 1

1. ルアンプラバンの町　文化遺産②④⑤　1995年

レバノン共和国

Republic of Lebanon　首都 ベイルート　世界遺産の数 5

1. アンジャル　文化遺産③④　1984年

19. 麗江古城　文化遺産②④　1997年
20. 頤和園《いわえん》　北京皇室庭園　文化遺産①②③　1998年
21. 天壇：北京皇帝の壇廟　文化遺産①②③　1998年
22. 武夷山（ウイシャン）　複合遺産（自然③④　文化③⑥）　1999年
23. 大足石刻（ダァズシク）　文化遺産①②③　1999年

トルコ共和国

Republic of Turkey　首都 アンカラ　世界遺産の数 9

1. イスタンブール歴史地区　文化遺産①②③④　1985年
2. ギョレメ国立公園とカッパドキアの岩石群
   複合遺産（自然③　文化①③⑤）　1985年
3. ディヴリィの大モスクと病院　文化遺産①④　1985年
4. ハットゥシャ　文化遺産①②③④　1986年
5. ネムルト・ダー　文化遺産①③④　1987年
6. クサントス・レトーン　文化遺産②③　1988年
7. ヒエラポリス・パムッカレ　複合遺産（自然③　文化③④）1988年
8. サフランボル市街　文化遺産②④⑤　1994年
9. トロイ遺跡　文化遺産②③⑥　1998年

日本

Japan　首都 東京　世界遺産の数 10

1. 法隆寺地域の仏教建造物　文化遺産①②④⑥　1993年
2. 姫路城　文化遺産①④　1993年
3. 屋久島　自然遺産②③　1993年
4. 白神山地　自然遺産②　1993年
5. 古都京都の文化財　文化遺産②④　1994年
6. 白川郷・五箇山の合掌造り集落　文化遺産④⑤　1995年
7. 原爆ドーム（広島平和記念碑）文化遺産⑥　1996年
8. 厳島神社　文化遺産①②④⑥　1996年
9. 古都奈良の文化財　文化遺産②③④⑥　1998年
10. 日光の社寺　文化遺産①④⑥　1999年

ネパール王国

Kingdom of Nepal　首都 カトマンズ　世界遺産の数 4

1. サガルマータ国立公園　自然遺産③　1979年
2. カトマンズ渓谷　文化遺産③④⑥　1979年
3. ロイヤル・チトワン国立公園　自然遺産②③④　1984年
4. 釈迦生誕地ルンビニー　文化遺産③⑥　1997年

バングラデシュ人民共和国

People's Republic of Bangladesh　首都 ダッカ　世界遺産の数 3

4. シンハラジャ森林保護区　自然遺産②④　1988年
5. 聖地キャンディ　文化遺産④⑥　1988年
3. ゴール旧市街と城塞　文化遺産④　1988年
7. ダンブッラの黄金寺院　文化遺産①⑥　1991年

タイ王国

Kingdom of Thailand　首都 バンコク　世界遺産の数 4

1. スコタイ遺跡と周辺の歴史地区　文化遺産①③　1991年
2. アユタヤ遺跡と周辺の歴史地区　文化遺産③　1991年
3. トゥンヤイ・ファイ・カ・ケン動物保護区　自然遺産②③④　1991年
4. バンチェン遺跡　文化遺産③　1992年

大韓民国

Republic of Korea　首都 ソウル　世界遺産の数 5

1. 石窟庵と仏国寺　文化遺産①④　1995年
2. 八萬大蔵経収蔵の海印寺　文化遺産④⑥　1995年
3. 宗廟　文化遺産④　1995年
4. 昌徳宮　文化遺産②③④　1997年
5. 水原の華城　文化遺産②③　1997年

中華人民共和国

People's Republic of China　首都 ペキン（北京）　世界遺産の数 23

1. 泰山　複合遺産（自然③　文化①②③④⑤⑥）1987年
2. 万里の長城　文化遺産①②③④⑥　1987年
3. 故宮　文化遺産③④　1987年
4. 莫高窟　文化遺産①②③④⑤⑥　1987年
5. 秦始皇帝陵　文化遺産①③④⑥　1987年
6. 周口店の北京原人出土地　文化遺産③⑥　1987年
7. 黄山　複合遺産（自然③④　文化②）1990年
8. 九寨溝の自然景観および歴史地区　自然遺産③　1992年
9. 黄龍の自然景観および歴史地区　自然遺産③　1992年
10. 武陵源の自然景観および歴史地区　自然遺産③　1992年
11. 避暑山荘と外八廟　文化遺産②④　1994年
12. 孔廟・孔林・孔府　文化遺産①④⑥　1994年
13. 武当山の百建築群　文化遺産①②⑥　1994年
14. ラサのポタラ宮　文化遺産①④⑥　1994年
15. 廬山国立公園　文化遺産②③④⑥　1996年
16. 峨嵋山と楽山大仏　複合遺産（自然④　文化④⑥）1996年
17. 平遥古城　文化遺産②③④　1997年
18. 蘇州の古典庭園　文化遺産①②③④⑤　1997年

21. クトゥブ・ミナールと周辺の遺跡群　文化遺産④　1993年
22. ダージリン・ヒマラヤ鉄道　文化遺産②④　1999年

インドネシア共和国

Republic of Indonesia　首都 ジャカルタ　世界遺産の数 6

1. ボロブドゥール寺院遺跡群　文化遺産①②⑥　1991年
2. ウジュン・クロン国立公園　自然遺産③④　1991年
3. コモド国立公園　自然遺産③④　1991年
4. プランバナン寺院遺跡群　文化遺産①④　1991年
5. サンギラン初期人類遺跡　文化遺産③⑥　1996年
6. ロレンツ国立公園　自然遺産①②④　1999年

オマーン国

Sultanate of Oman　首都 マスカット　世界遺産の数 3

1. バフラ城塞　文化遺産④　1987年、危機遺産1988年
2. バット、アルフトゥムとアルアインの考古学遺跡　文化遺産③④　1988年
3. アラビアオリックスの保護区　自然遺産④　1994年

カンボジア王国

Kingdom of Cambodia　首都 プノンペン　世界遺産の数 1

1. アンコール遺跡群　文化遺産①③④　1992年、危機遺産1992年

キプロス共和国

Republic of Cyprus　首都 ニコシア　世界遺産の数 3

1. パフォス　文化遺産③⑥　1980年
2. トロードス地方の壁画教会　文化遺産②③④　1985年
3. ヒロキティア　文化遺産②③④　1998年

シリア・アラブ共和国

Syrian Arab Republic　首都 ダマスカス　世界遺産の数 4

1. ダマスカスの古代都市　文化遺産①②③④⑥　1979年
2. ブスラの古代都市　文化遺産①③⑥　1980年
3. パルミラ考古学遺跡　文化遺産①②④　1980年
4. アレッポの古代都市　文化遺産③④　1986年

スリランカ民主社会主義共和国

Democratic Socialist Republic of Sri Lanka
首都 スリジャヤワルダナプラコッテ　世界遺産の数 7

1. 聖地アヌラダプラ　文化遺産②③⑥　1982年
2. 古代都市ポロンナルワ　文化遺産①③⑥　1982年
3. 古代都市シギリヤ　文化遺産②③④　1982年

アジア Asia

イエメン共和国

Republic of Yemen　首都 サナー　世界遺産の数 3

1. シバームの城塞都市　文化遺産③④⑥　1982年
2. サナー旧市街　文化遺産④⑤⑥　1986年
3. ザビドの歴史都市　文化遺産②④⑥　1993年

イラク共和国

Republic of Iraq　首都 バグダッド　世界遺産の数 1

1. ハトラ　文化遺産②③④⑥　1985年

イラン・イスラム共和国

Islamic Republic of Iran　首都 テヘラン　世界遺産の数 3

1. チョーガ・ザンビル　文化遺産③④　1979年
2. ペルセポリス　文化遺産①③⑥　1979年
3. イスファハンのイマーム広場　文化遺産①⑤⑥　1979年

インド

India　首都　ニューデリー　世界遺産の数　22

1. アジャンタ洞窟寺院　文化遺産①②③⑥　1983年
2. エローラ洞窟寺院　文化遺産①③⑥　1983年
3. アーグラ城塞　文化遺産③　1983年
4. タージ・マハル　文化遺産①　1983年
5. コナラクの太陽神寺院　文化遺産①③⑥　1984年
6. マハーバリプラムの建造物群　文化遺産①②③⑥　1984年
7. カジランガ国立公園　自然遺産②④　1985年
8. マナス野生動物保護区　自然遺産②③④　1985年、危機遺産　1992年
9. ケオラデオ国立公園　自然遺産④　1985年
10. ゴアの教会と修道院　文化遺産②④⑥　1986年
11. カジュラホ遺跡群　文化遺産①③　1986年
12. ハンピの建造物群　文化遺産①③④　1986年　危機遺産1999年
13. ファテープル・シクリ　文化遺産②③④　1986年
14. パッタダカルの建造物群　文化遺産③④　1987年
15. エレファンタ洞窟寺院　文化遺産①③　1987年
16. タンジャブールのブリハディシュワラ寺院　文化遺産②③　1987年
17. スンダルバンス国立公園　自然遺産②④　1987年
18. ナンダ・デビ国立公園　自然遺産③④　1988年
19. サンチー仏教遺跡　文化遺産①②③④⑥　1989年
20. フマユーン廟　文化遺産②④　1993年

ウクライナ

Ukraine　首都　キエフ　世界遺産の数 2

1. キエフの聖ソフィア大聖堂と修道院群、キエフ・ペチェルスカヤ大修道院
   文化遺産①②③④　1990年
2. リヴィフ歴史地区　文化遺産②⑤　1998年

ウズベキスタン共和国

Republic of Uzbekistan　首都　タシケント　世界遺産の数 2

1. イチャン・カラ　文化遺産③④⑤　1990年
2. ブハラ　文化遺産②④⑥　1993年

グルジア共和国

Republic of Georgia　首都　トビリシ　世界遺産の数 3

1. ムツヘータ中世教会　文化遺産③④　1994年
2. ヴァグラチ聖堂とゲラチ修道院　文化遺産④　1994年
3. アッパー・スヴァネチ　文化遺産④⑤　1996年

ベラルーシ共和国

Republic of Belarus　首都　ミンスク　世界遺産の数 1

1. ビャウォヴィエジャ国立公園／ベラベジュスカヤ・プッシャ国立公園
   自然遺産③　1992年

ロシア連邦

Russian Federation　首都　モスクワ　世界遺産の数 13

1. サンクトペテルブルク歴史地区　文化遺産①②④⑥　1990年
2. キジ島の木造建築　文化遺産①④⑤　1990年
3. クレムリンと赤の広場　文化遺産①②④⑥　1990年
4. ノブゴロドの歴史的建造物群とその周辺　文化遺産②④⑥　1992年
5. ソロベツキー諸島の文化・歴史的遺跡群　文化遺産④　1992年
6. ウラジミルとスズダリの白壁建築群　文化遺産①②④　1992年
7. トロイツェ・セルギー大修道院の建造物群　文化遺産②④　1993年
8. コローメンスコエの主昇天教会　文化遺産②　1994年
9. コミの原生林　自然遺産②③　1995年
10. バイカル湖　自然遺産①②③④　1996年
11. カムチャッカの火山群　自然遺産①②③　1996年
12. アルタイ・ゴールデン・マウンテン　自然遺産④　1998年
13. 西コーカサス山脈　自然遺産②④　1999年

2. トンブクトゥー　文化遺産②④⑤　1988年　危機遺産　1990年
3. バンディアガラの絶壁　複合遺産（自然③　文化⑤）1989年

南アフリカ共和国

Republic of South Africa　首都　プレトリア　世界遺産の数　3

1. セント・ルーシア大湿原公園　自然遺産②③④　1999年
2. ロベン島　文化遺産③⑥　1999年
3. スタークフォンテン、スワークランズ、クロムドライおよび周辺地域の人類化石遺跡　文化遺産③⑥　1999年

モザンビーク共和国

Republic of Mozambique　首都　マプート　世界遺産の数　1

1. モザンビーク島　文化遺産④⑥　1991年

モーリタニア・イスラム共和国

Islamic Republic of Mauritania　首都　ヌアクショット　世界遺産の数　2

1. アルガン岩礁国立公園　自然遺産②④　1989年
2. ウァダン、シンゲッティ、ティシット、ウァラタのカザール古代都市　文化遺産③④⑤　1996年

モロッコ王国

Kingdom of Morocco　首都　ラバト　世界遺産の数　6

1. フェスの旧市街　文化遺産②⑤　1981年
2. マラケシュの旧市街　文化遺産①②④⑤　1985年
3. アイットベンハドゥ　文化遺産④⑤　1987年
4. 古都メクネス　文化遺産④　1996年
5. ヴォルビリスの考古学遺跡　文化遺産②③④⑥　1997年
6. テトゥアンの旧市街　文化遺産②④⑤　1997年

社会主義人民リビア・アラブ国

Socialist People's Libyan Arab Jamahiriya　首都　トリポリ　世界遺産の数　5

1. レプティス・マグナの考古学遺跡　文化遺産①②③　1982年
2. サブラタの考古学遺跡　文化遺産③　1982年
3. キュレーネの考古学遺跡　文化遺産②③⑥　1982年
4. タドラート・アカクスの岩石画　文化遺産③　1985年
5. ガダマス旧市街　文化遺産⑤　1986年

CIS (Commonwealth of Independent States)

アルメニア共和国

Republic of Armenia　首都　エレバン　世界遺産の数　1

1. ハフパットの修道院　文化遺産②④　1996年

5. キリマンジャロ国立公園　自然遺産③　1987年

中央アフリカ共和国

Central African Republic　首都 バンギ　世界遺産の数 1

1. マノボ・グンダ・サンフローリス国立公園
   自然遺産②④　1988年　危機遺産　1997年

チュニジア共和国

Republic of Tunisia　首都 チュニス　世界遺産の数 8

1. チュニスの旧市街　文化遺産②③⑤　1979年
2. カルタゴの考古学遺跡　文化遺産②③⑥　1979年
3. エル・ジェムの円形劇場　文化遺産④⑥　1979年
4. イシュケウル国立公園　自然遺産④　1980年　危機遺産　1996年
5. ケルクアンの古代カルタゴ市街とネクロポリス　文化遺産③　1985年/1986年
6. スースのメディナ　文化遺産③④⑤　1988年
7. 古都カイルアン　文化遺産①②③⑤⑥　1988年
8. ドゥッガ／トゥッガ　文化遺産②③　1997年

ナイジェリア連邦共和国

Federal Republic of Nigeria　首都 アブジャ　世界遺産の数 1

1. スクルの文化的景観　自然遺産③⑤⑥　1999年

ニジェール共和国

Republic of Niger　首都 ニアメ　世界遺産の数 2

1. アイルとテネレの自然保護区　自然遺産②③④　1991年　危機遺産　1992年
2. W国立公園　自然遺産②④　1996年

ベナン共和国

Republic of Benin　首都 ポルトノボ　世界遺産の数 1

1. アボメイの王宮　文化遺産③④　1985年　危機遺産　1985年

マダガスカル共和国

Republic of Madagascar　首都 アンタナナリボ　世界遺産の数 1

1. ベマラハ厳正自然保護区のチンギ　自然遺産③④　1990年

マラウイ共和国

Republic of Malawi　首都 リロングウェ　世界遺産の数 1

1. マラウイ湖国立公園　自然遺産②③④　1984年

マリ共和国

Republic of Mali　首都 バマコ　世界遺産の数 3

1. ジェンネ旧市街　文化遺産③④　1988年

自然遺産②④　1981年/1982年、危機遺産　1992年

2. タイ国立公園　自然遺産③④　1982年
3. コモエ国立公園　自然遺産②④　1983年

コンゴ民主共和国（旧ザイール）

Democratic Republic of Congo　首都　キンシャサ　世界遺産の数 5

1. ビルンガ国立公園　自然遺産②③④　1979年　危機遺産　1994年
2. ガランバ国立公園　自然遺産③④　1980年　危機遺産　1996年
3. カフジ・ビエガ国立公園　自然遺産④　1980年　危機遺産　1997年
4. サロンガ国立公園　自然遺産②③　1984年　危機遺産1999年
5. オカピ野生動物保護区　自然遺産④　1996年　危機遺産　1997年

ザンビア共和国

Republic of Zambia　首都　ルサカ　世界遺産の数 1

1. ビクトリア瀑布（モシ・オア・トゥニャ）自然遺産②③　1989年

ジンバブエ共和国

Republic of Zimbabwe　首都　ハラーレ　世界遺産の数 4

1. マナ・プールズ国立公園、サピ・チェウォール自然保護区
   自然遺産②③④　1984年
2. 大ジンバブエ国立遺跡　文化遺産①③⑥　1986年
3. カミ遺跡　文化遺産③④　1986年
4. ビクトリア瀑布（モシ・オア・トゥニャ）　自然遺産②③　1989年

セイシェル共和国

Republic of Seychelles　首都　ビクトリア　世界遺産の数 2

1. アルダブラ環礁　自然遺産②③④　1982年
2. メイ渓谷自然保護区　自然遺産①②③④　1983年

セネガル共和国

Republic of Senegal　首都　ダカール　世界遺産の数 3

1. ゴレ島　文化遺産⑥　1978年
2. ニオコロ・コバ国立公園　自然遺産④　1981年
3. ジュディ鳥類保護区　自然遺産③④　1981年

タンザニア連合共和国

United Republic of Tanzania　首都　ダルエスサラーム　世界遺産の数 5

1. ンゴロンゴロ自然保護区　自然遺産②③④　1979年
2. キルワ・キシワーニとソンゴ・ムナラの遺跡　文化遺産③　1981年
3. セレンゲティ国立公園　自然遺産③④　1981年
4. セルース動物保護区　自然遺産②④　1982年

エジプト・アラブ共和国

Arab Republic of Egypt　首都 カイロ　世界遺産の数 5

1. メンフィスおよび古代都市テーベとそのネクロポリス　文化遺産①③⑥　1979年
2. 古代テーベとネクロポリス　文化遺産①③⑥　1979年
3. アブ・シンベルからフィラエまでのヌビア遺跡群　文化遺産①③⑥　1979年
4. イスラム文化都市カイロ　文化遺産①⑤⑥　1979年
5. アブメナ　文化遺産④　1979年

エチオピア連邦民主共和国

Federal Democratic Republic of Ethiopia
首都 アディスアベバ　世界遺産の数 7

1. シミエン国立公園　自然遺産③④　1978年　危機遺産1996年
2. ラリベラの岩の教会　文化遺産①②③　1978年
3. ファジル・ゲビ、ゴンダール遺跡　文化遺産②③　1979年
4. アワッシ川下流域　文化遺産②③④　1980年
5. ティヤ　文化遺産①④　1980年
6. アクスム　文化遺産①④　1980年
7. オモ川下流域　文化遺産③④　1980年

ガーナ共和国

Republic of Ghana　首都 アクラ　世界遺産の数 2

1. ボルタ、アクラ、中部、西部各州の砦と城塞　文化遺産⑥　1979年
2. アシャンティの伝統建築物　文化遺産⑤　1980年

カメルーン共和国

Republic of Cameroon　首都 ヤウンデ　世界遺産の数 1

1. ジャ・フォナル自然保護区　自然遺産②④　1987年

ギニア共和国

Republic of Guinea　首都 コナクリ　世界遺産の数 1

1. ニンバ山厳正自然保護区
   自然遺産②④　1981年/1982年、危機遺産　1992年

ケニア共和国

Republic of Kenya　首都 ナイロビ　世界遺産の数 2

1. ケニア山国立公園／自然林　自然遺産②③　1997年
2. シビロイ／セントラル・アイランド国立公園　自然遺産①④　1997年

コートジボワール共和国

Republic of Cote d'Ivoire　首都 ヤムスクロ　世界遺産の数 3

1. ニンバ山厳正自然保護区

ラトビア共和国

Republic of Latvia　首都 リガ　世界遺産の数 1

1. リガ歴史地区　文化遺産①②　1997年

リトアニア共和国

Republic of Lithuania　首都 ビリニュス　世界遺産の数 1

1. ビリニュス歴史地区　文化遺産②④　1994年

ルーマニア

Romania　首都 ブカレスト　世界遺産の数 7

1. ドナウ河三角州　自然遺産③④　1991年
2. ビエルタンの要塞教会　文化遺産④　1993年
3. ホレーズ修道院　文化遺産②　1993年
4. モルドヴァ地方の教会群　文化遺産①④　1993年
5. 要塞教会のあるトランシルヴァニアの村落　文化遺産④　1993/1999年
6. オラシュチェ山脈のダキア人要塞　文化遺産②③④　1999年
7. マラムレシュ地方の木造教会　文化遺産④　1999年

ルクセンブルク大公国

Grand Duchy of Luxembourg　首都 ルクセンブルク　世界遺産の数 1

1. ルクセンブルク中世要塞都市の遺構　文化遺産④　1994年

アフリカ　Africa

アルジェリア民主人民共和国

Democratic People's Republic of Algeria
首都 アルジェ　世界遺産の数 7

1. ベニ・ハンマド要塞　文化遺産③　1980年
2. タッシリ・ナジェール　複合遺産（自然②③　文化①③）1982年
3. ムサブの渓谷　文化遺産②③⑤　1982年
4. ジェミラ　文化遺産③④　1982年
5. ティパサ　文化遺産③④　1982年
6. ティムガット　文化遺産②③④　1982年
7. アルジェのカスバ　文化遺産②⑤　1992年

ウガンダ共和国

Republic of Uganda　首都 カンパラ　世界遺産の数 2

1. ブウィンディ国立公園　自然遺産③④　1994年
2. ルウェンゾリ山地国立公園　自然遺産③④　1994年　危機遺産1999年

3. アウシュヴィッツ強制収容所　文化遺産⑥　1979年
4. ビャウォヴィエジャ国立公園／ベラベジュスカヤ・プッシャ国立公園
自然遺産③　1992年
5. ワルシャワ歴史地区　文化遺産②⑥　1980年
6. ザモシチの旧市街　文化遺産④　1992年
7. トルン中世都市　文化遺産②④　1997年
8. マルボルクのチュートン騎士団の城　文化遺産②③④　1997年
9. 合体と巡礼公園　文化遺産②④　1999年

ポルトガル共和国

Portuguese Republic　首都 リスボン　世界遺産の数 10

1. アゾーレス諸島のアングラ・ド・ヘロイズモ市街地　文化遺産④⑥　1983年
2. リスボンのジェロニモス修道院とベレンの塔　文化遺産③⑥　1983年
3. バターリャの修道院　文化遺産①②　1983年
4. トマルのキリスト教修道院　文化遺産①⑥　1983年
5. エボラ歴史地区　文化遺産②④　1986年
6. アルコバサのサンタ・マリア修道院　文化遺産①④　1989年
7. シントラの文化的景観　文化遺産②④⑤　1995年
8. ポルト歴史地区　文化遺産④　1996年
9. コア渓谷の岩壁画　文化遺産①②③④　1998年
10. マディラ諸島のラウリシルヴァ　自然遺産②④　1999年

マケドニア・旧ユーゴスラビア共和国

The Former Yugoslav Republic of Macedonia　首都 スコピエ　世界遺産の数 1

1. 文化的・歴史的外観・自然環境をとどめるオフリッド地域
複合遺産（自然③　文化①③④）1979年/1980年

マルタ共和国

Republic of Malta　首都 バレッタ　世界遺産の数 3

1. ハル・サフリエニ地下墓地群　文化遺産③　1980年
2. バレッタ旧市街　文化遺産①⑥　1980年
3. マルタの巨石文化時代の寺院　文化遺産④　1980年/1992年

ユーゴスラビア連邦共和国

Federal Republic of Yugoslavia　首都 ベオグラード　世界遺産の数 4

1. スタリ・ラスとソポチャニ　文化遺産①③　1979年
2. コトルの自然・文化ー歴史地域
文化遺産①②③④　1979年、危機遺産　1979年
3. ドゥルミトル国立公園　自然遺産②③④　1980年
4. ストゥデニカ修道院　文化遺産①②④⑥　1986年

自然遺産②③④　1983年
16. ポン・デュ・ガール　文化遺産①③④　1985年
17. ストラスブール旧市街　文化遺産①②④　1988年
18. パリのセーヌ河岸　文化遺産①②④　1991年
19. ランスのノートル・ダム大聖堂、サンレミ教教会、トウ宮殿
文化遺産①②⑥　1991年
20. ブールジュ大聖堂　文化遺産①④　1992年
21. アビニョン歴史地区　文化遺産①②④　1995年
22. ミディ運河　文化遺産①②④⑥　1996年
23. カルカソンヌ歴史城塞都市　文化遺産②④　1997年
24. ピレネー地方ーペルデュー山
複合遺産（自然①③　文化③④⑤）1997/1999年
25. サンティアゴ・デ・コンポステーラへの巡礼路
文化遺産②④⑥　1998年
26. リヨン歴史地区　文化遺産②④　1998年
27. サン・テミリオン地区　文化遺産③④　1999年

ブルガリア共和国

Republic of Bulgaria　首都　ソフィア　世界遺産の数 9

1. ボヤナ教会　文化遺産②③　1979年
2. マダラの騎手像　文化遺産①③　1979年
3. カザンラクのトラキア人墓地　文化遺産①③④　1979年
4. イヴァノヴォの岩壁修道院　文化遺産②③　1979年
5. ネセブール旧市街　文化遺産③④　1983年
3. リラ修道院　文化遺産⑥　1983年
7. スレバルナ自然保護区　自然遺産④　1983年　危機遺産1992年
8. ピリン国立公園　自然遺産①②③　1983年
9. スヴェシュタリのトラキア人の墓地　文化遺産①③　1985年

ベルギー王国

Kingdom of Belgium　首都　ブラッセル　世界遺産の数 4

1. フランダース地方のベギン会院　文化遺産②③④　1998年
2. ルヴィエールとルルーにある中央運河の4つの閘門と周辺環境
文化遺産③④　1998年
3. ブリュッセルのグラン・プラス　文化遺産②④　1998年
4. フランダース地方とワロン地方の鐘楼　文化遺産②④　1999年

ポーランド共和国

Republic of Poland　首都　ワルシャワ　世界遺産の数 9

1. クラクフ歴史地区　文化遺産④　1978年
2. ヴィエリチカ岩塩坑　文化遺産④　1978年

ハンガリー共和国

Republic of Hungary　首都 ブダペスト　世界遺産の数 5

1. ブダペスト、ブダ城地域とドナウ河畔　文化遺産②④　1987年
2. ホロクー　文化遺産⑤　1987年
3. アッガテレク洞窟群とスロバキア石灰岩台地　自然遺産①　1995年
4. パンノンハルマ修道院と自然環境　文化遺産④⑥　1996年
5. ホルトバージ国立公園　文化遺産④⑤　1999年

バチカン市国

State of the city of Vatican　首都 バチカン　世界遺産の数 2

1. ローマ歴史地区、法皇聖座直轄領、サンパオロ・フォーリ・レ・ムーラ教会　文化遺産①②④⑥　1980年/1990年
2. バチカン市国　文化遺産①②④⑥　1984年

フィンランド共和国

Republic of Finland　首都 ヘルシンキ　世界遺産の数 5

1. ラウマ旧市街　文化遺産④⑤　1991年
2. スオメンリンナ要塞　文化遺産④　1991年
3. ペタヤヴェシの古い教会　文化遺産④　1994年
4. ヴェルラ製材製紙工場　文化遺産④　1996年
5. 青銅器時代のサンマルラハデンマキ埋葬所　文化遺産③④　1999年

フランス共和国

French Republic　首都 パリ　世界遺産の数 27

1. モン・サン・ミッシェルとその湾　文化遺産①③⑥　1979年
2. シャルトル大聖堂　文化遺産①②④　1979年
3. ヴェルサイユ宮殿と庭園　文化遺産①②⑥　1979年
4. ベズレーのサント・マドレーヌ寺院と丘　文化遺産①⑥　1979年
5. ベゼール渓谷の装飾洞穴　文化遺産①③　1979年
6. フォンテーヌブロー宮殿と公園　文化遺産②⑥　1981年
7. シャンボール城　文化遺産①　1981年
8. アミアン大聖堂　文化遺産①②　1981年
9. オランジュのローマ劇場と凱旋門　文化遺産③⑥　1981年
10. アルルのローマおよびロマネスク様式の建築群　文化遺産②④　1981年
11. フォントネーのシトー派修道院　文化遺産④　1981年
12. アルケスナンの王立製塩所　文化遺産①②④　1982年
13. ナンシーのスタニスラス広場、カリエール広場、アリャーンス広場　文化遺産①④　1983年
14. サンサバン・スル・ガルタンプの教会　文化遺産①③　1983年
15. コルシカのジロラッタ岬、ポルト岬、スカンドラ自然保護区

デンマーク王国

Kingdom of Denmark　首都 コペンハーゲン　世界遺産の数 2

1. イェリング墳丘　文化遺産③　1994年
2. ロスキレ大聖堂　文化遺産②④　1995年

ドイツ連邦共和国

Federal Republic of Germany　首都 ベルリン　世界遺産の数 22

1. アーヘン大聖堂　文化遺産①②④⑥　1978年
2. シュパイアー大聖堂　文化遺産②　1981年
3. ビュルツブルクのレジデンツ宮殿　文化遺産①④　1981年
4. ヴィースの巡礼聖堂　文化遺産①③　1983年
5. ブリュールのアウグストスブルク城とファルケンルスト城　文化遺産②④　1984年
6. ヒルデスハイムの聖マリア大聖堂と聖ミヒャエル教会　文化遺産①②③　1985年
7. トリールのローマ様式建造物、大聖堂、リーブフラウエン教会　文化遺産①③④⑥　1986年
8. ハンザ同盟都市リューベック　文化遺産④　1987年
9. ポツダムとベルリンの公園と宮殿　文化遺産①②④　1990年/1992年
10. ロルシュのアルテンミュンスター修道院と帝国僧院　文化遺産③⑤　1991年
11. ランメルスベルグ旧鉱山と古都ゴスラー　文化遺産①④　1992年
12. バンベルグの中世都市遺構　文化遺産②④　1993年
13. マウルブロンのシトー派修道院群　文化遺産②④　1993年
14. クベートリンブルクの教会と城郭と旧市街　文化遺産④　1994年
15. フェルクリンゲン製鉄所　文化遺産②④　1994年
16. メッセル・ピット化石発掘地　自然遺産①　1995年
17. ケルン大聖堂　文化遺産①②④　1996年
18. バウハウス　文化遺産②④⑥　1996年
19. ルター記念碑　文化遺産④⑥　1996年
20. クラシカル・ワイマール　文化遺産③⑥　1998年
21. ムゼウムスインゼル（博物館島）　文化遺産②④　1999年
22. ワルトブルク城　文化遺産③⑥　1999年

ノルウェー王国

Kingdom of Norway　首都 オスロ　世界遺産の数 4

1. ウルネスの板子寺院　文化遺産①②③　1979年
2. ベルゲンのブリッゲン地区　文化遺産③　1979年
3. 鉱山都市レロス　文化遺産③④⑤　1980年
4. アルタの岩石画　文化遺産③　1985年

19. カセレスのグアダルーペ王立僧院　文化遺産④⑥　1993年
20. サンティアゴ・デ・コンポステーラへの巡礼路　文化遺産②④⑥　1993年
21. ドニャーナ国立公園　自然遺産②③④　1994年
22. クエンカの歴史的要塞都市　文化遺産②⑤　1996年
23. バレンシアのロンハ　文化遺産①④　1996年
24. ラス・メドゥラス　文化遺産①②③④　1997年
25. バルセロナのカタルーニャ音楽堂とサン・パウ病院
文化遺産①②④　1997年
26. 聖ミリャン・ジュソ修道院とスソ修道院　文化遺産②④⑥　1997年
27. ピレネー地方ーペルデュー山
複合遺産（自然①③　文化③④⑤）1997/1999年
28. アルカラ・デ・エナレスの大学と歴史的地区　文化遺産②④⑥　1998年
29. イベリア半島の地中海湾の岩壁画　文化遺産③　1998年
30. イビザ、生物多様性と文化　複合遺産（自然②④　文化②③④）1999年
31. サン・クリストバル・デ・ラ・ラグナ　文化遺産②④　1999年

スロバキア共和国

The Slovak Republic　首都　ブラチスラバ　世界遺産の数 4

1. ブルコリーニェツの伝統建造物保存地区　文化遺産④⑤　1993年
2. バンスカー・シチャウニツァの歴史的都市と近隣の中世鉱山遺構
文化遺産④⑤　1993年
3. スピシュキー・ヒラットと周辺の文化財　文化遺産④　1993年
4. アッガテレク洞窟群とスロバキア石灰岩台地
自然遺産①　1995年

スロヴェニア共和国

Republic of Slovenia　首都　リュブリャナ　世界遺産の数 1

1. シュコチアンの洞窟群　自然遺産②③　1986年

チェコ共和国

The Czech Republic　首都　プラハ　世界遺産の数 9

1. プラハ歴史地区　文化遺産②④⑥　1992年
2. チェスキー・クルムロフ歴史地区　文化遺産④　1992年
3. テルチ歴史地区　文化遺産①④　1992年
4. ゼレナホラ地方のネポムクの巡礼教会　文化遺産④　1994年
5. クトナ・ホラ　聖バーバラ教会とセドリックの聖母マリア聖堂を含む歴史地区
文化遺産②④　1995年
6. レドニツェとバルティツェの文化的景観　文化遺産①②④　1996年
7. ホラソヴィツェ歴史的集落保存地区　文化遺産②④　1998年
8. クロメルジーシュの庭園と城　文化遺産　②④　1998年
9. リトミシュル城　文化遺産　②④　1999年

スイス連邦

Swiss Confederation　首都 ベルン　世界遺産の数 3

1. ザンクト・ガレンの大聖堂　文化遺産②④　1983年
2. ミュスタイルの聖ヨハネのベネディクト会修道院　文化遺産③　1983年
3. ベルン旧市街　文化遺産③　1983年

スウェーデン王国

Kingdom of Sweden　首都 ストックホルム　世界遺産の数 9

1. ドロットニングホルム宮殿　文化遺産④　1991年
2. ビルカとホーブゴーデン　文化遺産③④　1993年
3. エンゲルスベアリーの製鉄所　文化遺産④　1993年
4. ターヌムの岩壁彫刻　文化遺産①③④　1994年
5. スコースキュアコゴーデン　文化遺産②④　1994年
6. ハンザ同盟の都市ヴィスビー　文化遺産④⑤　1995年
7. ルーレオ旧市街の教会村　文化遺産②④⑤　1996年
8. ラップランドの貴重な自然ーサーメ文化　複合遺産（自然①②③ 文化③⑤）1996年
9. カールスクルーナの軍港　文化遺産②④　1998年

スペイン

Spain　首都 マドリード　世界遺産の数 31

1. コルドバ歴史地区　文化遺産①②③④　1984年/1994年
2. グラナダのアルハンブラ、ヘネラリーフェとアルバイシン
   文化遺産①③④　1984年/1994年
3. ブルゴス大聖堂　文化遺産②④⑥　1984年
4. マドリッドのエルエスコリアル修道院と旧王室　文化遺産①②⑥　1984年
5. バルセロナのグエル公園、グエル邸、カサ・ミラ　文化遺産①②④　1984年
6. アルタミラ洞窟　文化遺産①③　1985年
7. 古都セゴビアとローマ水道　文化遺産①③④　1985年
8. オヴィエド歴史地区　文化遺産①②④　1985年/1998年
9. サンティアゴ・デ・コンポステーラ旧市街　文化遺産①②⑥　1985年
10. 古都アビラと城郭　文化遺産③④　1985年
11. テルエルのムデハル様式建築　文化遺産④　1986年
12. トレドの旧市街　文化遺産①②③④　1986年
13. ガラホナイ国立公園　自然遺産②③　1986年
14. カセレスの旧市街　文化遺産③④　1986年
15. セビリア大聖堂、アルカサル、インディアス古文書館
    文化遺産①②③⑥　1987年
16. 古都サラマンカ　文化遺産①②④　1988年
17. ポブレットの修道院　文化遺産①④　1991年
18. メリダのローマ遺跡　文化遺産③④　1993年

9. ミストラ　文化遺産②③④　1989年
10. オリンピア古代遺跡　文化遺産①②③④⑥　1989年
11. デロス島　文化遺産②③④⑥　1990年
12. ダフニ修道院、オシオス・ルカス修道院とヒオス島のネアモニ修道院
文化遺産①④　1990年
13. サモス島のピタゴリオンとヘラ神殿　文化遺産②③　1992年
14. ヴェルギナの考古学遺跡　文化遺産①③　1996年
15. ミケーネとティリンスの古代遺跡　文化遺産①②③④⑥　1999年
16. パトモス島の神学者聖ヨハネ修道院と黙示録の洞窟歴史地区（コーラ）
文化遺産③④⑥　1999年

クロアチア共和国

Republic of Croatia　首都 サグレブ　世界遺産の数 5

1. ドブロブニク旧市街　文化遺産①③④　1979年
2. ディオクレティアヌス宮殿などのスプリット史跡群　文化遺産②③④　1979年
3. プリトビチェ湖群国立公園　自然遺産②③　1979年
4. ポレッチ歴史地区のエウフラシウス聖堂建築物　文化遺産②③④　1997年
5. トロギール歴史都市　文化遺産②④　1997年

グレートブリテンおよび北部アイルランド連合王国（イギリス）

United Kingdom of Great Britain and Northern Ireland
首都　ロンドン　世界遺産の数　18

1. ジャイアンツ・コーズウェイとコーズウェイ海岸　自然遺産①③　1986年
2. ダーラム城と大聖堂　文化遺産②④⑥　1986年
3. アイアン・ブリッジ峡谷　文化遺産①②④⑥　1986年
4. ファウンティンズ修道院跡を含むスタッドリー王立公園　文化遺産①④　1986年
5. ストーンヘンジ、エーヴベリーと関連遺跡群　文化遺産①②③　1986年
6. グウィネズ地方のエドワード１世ゆかりの城郭群　文化遺産①③④　1986年
7. セント・キルダ島　自然遺産③④　1986年
8. ブレニム宮殿　文化遺産②④　1987年
9. 鉱泉地バース　文化遺産①②④　1987年
10. ハドリアヌスの城壁　文化遺産②③④　1987年
11. ウエストミンスター宮殿、ウエストミンスター寺院、聖マーガレット教会
文化遺産①②④　1987年
12. ヘンダーソン島　自然遺産③④　1988年
13. ロンドン塔　文化遺産②④　1988年
14. カンタベリー大聖堂、聖オーガスチン教会、聖マーチン教会
文化遺産①②⑥　1988年
15. ゴフ島野生生物保護区　自然遺産③④　1995年
16. エディンバラの旧市街・新市街　文化遺産②④　1995年
17. グリニッジ海事　文化遺産①②④⑥　1997年
18. オークニー諸島の新石器時代遺跡中心地　文化遺産①②③④　1999年

27. アグリジェントの考古学地域　文化遺産①②③④　1997年
28. チレントとディアーノ渓谷国立公園など　文化遺産③④　1998年
29. ウルビーノ歴史地区　文化遺産②④　1998年
30. アクイレリアの考古学地域とバシリカ総主教聖堂　文化遺産③④⑥　1998年
31. フラーラ：ルネサンス期の市街とポー川デルタ地帯　1995/1999年　文化遺産②④⑥
32. ヴィッラ・アドリアーナ　1999年　文化遺産①②③

エストニア共和国

Republic of Estonia　首都　ターリン　世界遺産の数 1

1. ターリン歴史地区　文化遺産②④　1997年

オーストリア共和国

Republic of Austria　首都　ウィーン　世界遺産の数 5

1. ザルツブルグ市街の歴史地区　文化遺産②④⑥　1996年
2. シェーンブルン宮殿と庭園　文化遺産①④　1996年
3. ザルツカンマーグート地方のハルシュタットとダッハシュタインの文化的景観
文化遺産②③⑥　1997年
4. センメリング鉄道　文化遺産②④　1998年
5. グラーツ市歴史地区　文化遺産②④　1999年

オランダ王国

Kingdom of the Netherlands　首都　アムステルダム　世界遺産の数 6

1. スホクランドとその周辺　文化遺産③⑤　1995年
2. アムステルダムの防塞　文化遺産②④⑤　1996年
3. キンデルダイク - エルスハウトの風車網　文化遺産①②④　1997年
4. キュラソーのウィレムスタトの歴史地区　文化遺産②④⑤　1997年
5. Ir.D.F.ウォーダヘマール　文化遺産①②④　1998年
6. ドゥローフマーケライ・デ・ベームスター（ベームスター干拓地）
文化遺産①②④　1999年

ギリシャ共和国

Hellenic Republic　首都　アテネ　世界遺産の数 16

1. ヴァッセのアポロ・エピキュリオス神殿　文化遺産①②③　1986年
2. デルフィ古代遺跡　文化遺産①②③④⑥　1987年
3. アテネのアクロポリス　文化遺産①②③④⑥　1987年
4. アトス山　複合遺産（自然③　文化①②④⑤⑥）1988年
5. メテオラの修道院群　複合遺産（自然③　文化①②④⑤）1988年
6. サロニカの原始キリスト教建築とビザンチン様式建築群
文化遺産①②④　1988年
7. エピダウロス古代遺跡　文化遺産①②③④⑥　1988年
8. ロードスの中世都市　文化遺産②④⑤　1988年

ヨーロッパ Europe

アイルランド

Ireland　首都 ダブリン　世界遺産の数 2

1. ベンド・オブ・ボインのボイン文化遺跡群　文化遺産①③④　1993年
2. スケリッグ・マイケル　文化遺産③④　1996年

アルバニア共和国

Republic of Albania　首都 ティラナ　世界遺産の数 1

1. ブトリント　文化遺産③　1992/1999年　危機遺産1997年

イタリア共和国

Republic of Italy　首都 ローマ　世界遺産の数 32

1. バルカモニカの岩石画　文化遺産③⑥　1979年
2. ミラノのドミニコ修道院と「最後の晩餐」文化遺産①②　1980年
3. ローマ歴史地区、法皇聖座直轄領、サンパオロ・フオーリ・レ・ムーラ教会　文化遺産①②④⑥　1980年/1990年
4. フィレンツェ歴史地区　文化遺産①②③④⑥　1982年
5. ベネチアとその湾　文化遺産①②③④⑤⑥　1987年
6. ピサのドゥオーモ広場　文化遺産①②④⑥　1987年
7. サン・ジミニャーノ歴史地区　文化遺産①③④　1990年
8. マテーラの岩穴住居　文化遺産③④⑤　1993年
9. ヴィチェンツァとベネトのパッラーディオのヴィラ　文化遺産①②　1994年/1996年
10. シエナ歴史地区　文化遺産①②④　1995年
11. ナポリ歴史地区　文化遺産②④　1995年
12. クレスピ・ダッダ　文化遺産④⑤　1995年
13. フェラーラ、ルネサンス期の町並み　文化遺産②④⑥　1995年
14. デル・モンテ城　文化遺産①②③　1996年
15. アルベルベッロのトゥルッリ　文化遺産③④⑤　1996年
16. ラヴェンナの初期キリスト教記念物とモザイク　文化遺産①②③④　1996年
17. ピエンツァの旧市街　文化遺産①②④　1996年
18. カゼルタの18世紀王宮　文化遺産①②③④　1997年
19. サヴォイア王家住居　文化遺産①②④⑤　1997年
20. パドヴァの植物園　文化遺産②③　1997年
21. モデナの大聖堂、市民の塔、グランデ広場　文化遺産①②③④　1997年
22. ポンペイ、エルコラーノ、トッレ・アヌンツィアータの遺跡　文化遺産③④⑤　1997年
23. カサーレのヴィッラ・ロマーナ　文化遺産①②③　1997年
24. バルーミニのス・ヌラージ　文化遺産①③④　1997年
25. ポルトヴェーネレ、チンクエ・テッレと島々　文化遺産②④⑤　1997年
26. アマルフィ海岸　文化遺産②④⑤　1997年

世界遺産一覧

2000年6月現在、世界遺産は文化遺産480物件、自然遺産128物件、複合遺産22物件の計630物件が登録されています。そのうち危機にさらされている危機遺産は27物件に達しています。ここでは117カ国630物件すべてをリストにまとめました。記載順は物件名、種別、登録基準、登録年度となっています。なお、世界遺産委員会が定める登録基準は次のとおりとなっています。

[文化遺産の登録基準]

① 人類の創造的天才の傑作を表現するもの。
② ある期間、あるいは世界の文化圏において建築物、技術、記念碑的芸術、町並み計画、景観デザインの発展に大きな影響を与えた人間的価値の重要な交流を示しているもの。
③ 現存する、または消滅した文化的伝統や文明の唯一の、あるいは少なくとも希な証拠となるもの。
④ 人類の歴史上重要な時代を例証するある形式の建造物、建築物群、技術の集積、または景観の顕著な例。
⑤ 特に、回復困難な変化の影響下で損傷されやすい状態にある場合における、ある文化（または複数の文化）を代表する伝統的集落、または土地利用の顕著な例。
⑥ 顕著で普遍的な価値を持つ出来事、現存する伝統、思想、信仰、または芸術的、文学的作品と直接に、または明白に関連するもの。

[自然遺産の登録基準]

① 地球の歴史上の主要な段階を示す顕著な見本であるもの。生物の記録、地形の発達における重要な地学的進行過程、重要な地形的または自然地理的特性などが含まれる。
② 陸上、淡水、沿岸、および海洋生態系と動植物群集の進化と発達において進行しつつある重要な生態学的、生物学的プロセスを示す顕著な見本であるもの。
③ もっともすばらしい自然的現象、またはひときわすぐれた自然美をもつ地域、および美的な重要性を含むもの。
④ 生物的多様性の本来的保全にとってもっとも重要かつ意義深い自然生息地を含んでいるもの。これには、科学上または保全上の観点からすぐれて普遍的価値を持つ絶滅のおそれのある種が存在するものを含む。

参考文献

『五重塔はなぜ倒れないのか』（上田篤編／新潮社）
『聖徳太子の正体』（小林惠子／文芸春秋）
『世界遺産飛鳥・法隆寺の謎』（テレビ東京編／祥伝社）
『法隆寺の謎』（高田良信／小学館）
『法隆寺の謎と秘話』（高田良信／小学館）
『法隆寺の謎を解く』（高田良信／小学館）
『「法隆寺日記」を開く～廃仏毀釈から100年』（高田良信／NHK出版）
『法隆寺は移築された』（米田良三／新泉社）
『隠された十字架』（梅原猛／新潮社）
『法隆寺への精神史』（井上章一／弘文堂）
『わたしの法隆寺』（直木孝次郎／塙書房）
『知られざる日光』（読売新聞宇都宮支局編／随想舎）
『家康公と全国の東照宮』（高藤晴俊／東京美術）
『絵葉書に見る　郷愁の日光』（中川光憙解説／随想舎）
『もうひとつの日光を歩く』（日光ふるさとボランティア編／随想舎）
『日光東照宮の装飾文様　人物・動物・絵画』（グラフィック社）
『日光山輪王寺　宝ものがたり』（中里昌念、柴田立史／東京美術）
『四季日光』（小川清美、中川光憙／新潮社）
『日光東照宮』（中央公論社）
『木の国　日本の世界遺産』（大蔵省印刷局）
『図説　社寺建築の彫刻』（高藤晴俊／東京美術）
『桂離宮と日光東照宮』（宮元健次／学芸出版社）
『日光　社寺と史跡』（沼尾正彦／金園社）
『日光東照宮の謎』（高藤晴俊／講談社）
『日本名建築写真選集15　日光東照宮』（撮影、牧直視／解説、伊藤龍一／エッセイ、栗田勇／新潮社）
『東照宮再発見』（栃木新聞社）
『山川　日本史総合図録（増補版）』（笹山晴生、義江彰夫、石井進、高木昭著／大口勇次郎、伊藤隆、高村直助編著／山川出版社）
『日本列島　なぞふしぎ旅　関西編』（山本鉱太郎／新人物往来社）
『奈良新発見　いまに生きる歴史を歩く』（奈良県歴史教育者協議会編／かもがわ出版）
『日本人はどのように建造物をつくってきたか2　奈良の大仏　世界最大の鋳造仏』（香取忠彦／草思社）
『奈良　謎とき散歩』（吉田甦子／廣済堂出版）
『不滅の建築　姫路城天守閣』（毎日新聞社）
『日本百名山』（毎日新聞社）
『白鷺城の興亡一流転268年　危機からの復元』（寺林

峻／佼成会出版社）
『姫路城　物語・日本の名城』（松本幸子／成美堂出版）
『姫路城物語』（酒井美意子／主婦と生活社）
『日本三景　宮島』（広島県宮島町）
『不滅の建築　厳島神社』（毎日新聞社）
『天平の生活白書　よみがえる平城京』（坪井清足監修／日本放送出版協会）
『京都の魔界をゆく　絵解き案内』（編集工房か舎＋菊池昌治／小学館）
『京都古寺』（水上勉／立風書房）
『京都の大路小路』（千宗室、森谷尅久監修／小学館）
『京都・奈良　女人の寺案内』（山崎しげ子／主婦と生活社）
『京都謎とき散歩』（左方郁子／廣済堂出版）
『角川選書１４６　京都百話』（奈良本辰也ほか／角川書店）
『平安京の不思議　古都に眠る歴史の謎を訪ねて』（森浩一編／ＰＨＰ研究所）
『屋久島のウパニシャッド』（山尾三省／筑摩書房）
『ブルーバックス　Ｂ１０６７　屋久島　巨木の森と水の島の生態学』（湯本貴和／講談社）
『世界自然遺産の島　屋久島の不思議な物語』（松田高明／秀作社出版）
『宮本常一著作集16　屋久島民俗誌』（宮本常一／未来社）
『シンラ・77　２０００年5月号　特集『最後の聖域』屋久島』（新潮社）
『日本の民話37　屋久島の民話　第一集・第二集』（下野敏見編／未来社）
『世界遺産　屋久島』（日下田紀三／八重岳書房）
『原爆ドーム』（朝日新聞広島支局／朝日新聞社）
『原爆ドーム世界遺産登録記録誌』（広島市市民局平和推進室）
『原爆投下・10秒の衝撃』（ＮＨＫ広島「核・平和」プロジェクト／ＮＨＫ出版）
『広島はどう伝えられているか』（90原爆の会編／日本評論社）
『広島原爆被害の概要』（広島平和記念資料館）
『広島平和記念資料館ハンドブック』（広島平和記念資料館）
『ユネスコ世界遺産　原爆ドーム　21世紀への証人』（中国新聞社編／中国新聞社）
『レツルの黙示録』（オルガ・ストルスコバ著／佐々木昭一郎監訳／ＮＨＫ出版）
『津軽白神山がたり』（根深誠／山と渓谷社）
『白神山地の山々』（石井光造／白山書房）
『古代みちのく１０１の謎』（鈴木旭／新人物往来社）
『白神山地の入山規制を考える』（井上孝夫／緑風出版）
『ブナの山旅』（坪田和人／山と渓谷社）
『白神山地　恵みの森へ』（根深誠／ＪＴＢ　日本交通公社出版事業局）

『合掌造りとかやぶき』（佐藤章／リヨン社）
『しらかわのみんか合掌造りのできるまで』（小峰書店）
『ミステリアス白川郷』（白川村教育委員会監修／燈影舎）
『世界遺産の合掌造り集落　白川郷・五箇山のくらしと民俗』（飛越合掌文化研究会／岐阜新聞）
『旅王国高山白川郷』（昭文社）
『世界遺産事典　関連用語と情報源』（シンクタンクせとうち総合研究機構）
『ユネスコ世界遺産』（講談社）
『日本の世界遺産ガイド』（シンクタンクせとうち総合研究機構）
『世界遺産ガイド―日本編―』（世界遺産研究センター編／シンクタンクせとうち総合研究所機構）
『NHK国宝への旅　第3、6、9～11、15～17、20巻』（NHK取材班／日本放送出版協会）
『IMPRESSION　2000年4月号』（アメリカン・エキスプレス・インターナショナル発行）
朝日新聞、読売新聞、毎日新聞、日本経済新聞ほか各スポーツ新聞、地方新聞、各種百科事典、雑誌など

ビデオ
『ユネスコ世界遺産　1～13』（ユネスコ世界遺産センター監修／講談社）
『ユネスコ世界遺産　ビデオ鑑賞ガイド』（ユネスコ世界遺産センター監修／ポリグラム(株)、日本通信教育連盟）
『ユネスコ世界遺産』（制作／南西ドイツ放送、発行／発売：ポリグラム（株））
『世界遺産』（ポニーキャニオン）
『世界遺産　THE　WORLD HERITAGE』（制作著作TBS／販売元（株）ソニー・ミュージックエンタテイメント）

CD-ROM
『世界遺産』（シンフォレスト）
『世界のミステリーゾーン』（シンフォレスト）

写真提供　毎日新聞社
　　　　　高月　靖

協力　日光市教育委員会事務局
　　　奈良県斑鳩町観光協会
　　　広島平和記念資料館
　　　広島市市民局国際平和推進部
　　　岐阜県白川村役場

青春文庫

ふしぎ歴史館

世界遺産《せかいいさん》 21の日本《にほん》の迷宮《めいきゅう》

巻ノ三

2000年7月20日　第1刷
2008年9月20日　第2刷

編　者　歴史《れきし》の謎研究会《なぞけんきゅうかい》

発行者　小澤源太郎

責任編集　株式会社プライム涌光

発行所　株式会社青春出版社

〒162-0056　東京都新宿区若松町12-1
電話　03-3203-2850（編集部）
　　　03-3207-1916（営業部）
振替番号　00190-7-98602

印刷／共同印刷
製本／ナショナル製本
ISBN 4-413-09151-5

ほんとうのあなたに出逢う◆青春文庫

これからの「勝ち組」「負け組」

逆風の時代に成功する条件

〝危機〟がでかければ〝チャンス〟もでかい――スイートスメル・オブ・サクセス（成功の甘き香り）への条件

落合信彦

514円〒240円

(SE-142)

ゴッホの「正しい」鑑賞法

日本人への憧れ、ゴーガンとの共同生活、精神病院への入院、そして自殺……知られざるドラマが甦る

岡部昌幸［監修］

660円〒240円

(SE-143)

さよなら銀河鉄道999 ――アンドロメダ終着駅――〈上〉

劇的な別れから2年。突然届いた謎のメッセージに、少年はふたたび宇宙をめざす

松本零士［原作］

495円〒240円

(SE-144)

さよなら銀河鉄道999 ――アンドロメダ終着駅――〈下〉

惑星大アンドロメダで少年が見たものは？　意外な結末に息を飲む感動の名作、堂々の完結！

松本零士［原作］

495円〒240円

(SE-145)